石油员工
健康管理手册

中国石油集团川庆钻探工程有限公司长庆钻井总公司 编

石油工业出版社

内容提要

本书结合石油员工健康管理工作实际，重点围绕石油员工健康问题等内容进行科学普及，帮助员工树立科学的健康理念，掌握健康知识，提升健康素养。

本书适用于广大石油员工阅读使用。

图书在版编目（CIP）数据

石油员工健康管理手册 / 中国石油集团川庆钻探工程有限公司长庆钻井总公司编 .—北京：石油工业出版社，2023.12
ISBN 978-7-5183-6448-0

Ⅰ.①石… Ⅱ.①中… Ⅲ.①石油企业－职工－身心健康－手册 Ⅳ.①R395.6-62

中国国家版本馆 CIP 数据核字（2023）第 231344 号

出版发行：石油工业出版社
（北京安定门外安华里2区1号　100011）
网　　址：www.petropub.com
编辑部：（010）64222430
图书营销中心：（010）64523633
经　　销：全国新华书店
印　　刷：北京中石油彩色印刷有限责任公司

2023 年 12 月第 1 版　2023 年 12 月第 1 次印刷
850×1168 毫米　开本：1/32　印张：3.25
字数：80 千字

定价：40.00 元
（如出现印装质量问题，我社图书营销中心负责调换）
版权所有，翻印必究

《石油员工健康管理手册》

编委会

主　　任：王运功

副主任：吕凤军

委　　员：范玉岳　王学枫　尹　川　王　勇　杨宗安

　　　　　骆颖龙　何　剑　李　刚　王　雷　徐智峰

　　　　　姚永永　孙海合　海鹏飞　李小成　左　峰

编写组

组　　长：吕凤军

副组长：王　勇

成　　员：何　剑　谢　敬　陈胜伟　陈保民　张　晨

　　　　　李鹏飞　靳　宇　任桂英　张宏耀　江根杰

　　　　　崔　宇　陶仕君　高　原　杨金儒　陈　庆

　　　　　刘月月　李春涛　赵　帆　张　琳

前 言

习近平总书记指出,"没有全民健康,就没有全面小康"。中国石油集团川庆钻探工程有限公司长庆钻井总公司积极响应"共建共享、全民健康"的健康中国战略主题,构建"机制保健康、生产抓健康、生活要健康、人生享健康"的管理体系,牢固树立"个人是自己健康第一责任人"的理念,提升健康干预管理能力,营造身心健康工作环境。

本书从石油员工健康防护用品、健康基础知识、石油员工健康预防、职业健康预防、常见疾病、石油员工现场急救、石油员工健康干预、绿色就医八个方面入手,普及健康知识,倡导健康工作和生活方式,提高石油员工健康素养;引导员工认识疾病预防的重要性,落实"三减三健"措施,减少心血管疾病患病风险,以强健的体魄、健康的心理、充沛的精力投入工作和生活中。

由于编者水平有限,经验不足,知识点的收集也不尽完善,书中难免有不足与疏漏之处,敬请读者批评指正。

目 录

一 石油员工健康防护用品

（一）安全帽 /1

（二）防护服 /2

（三）防护眼镜 /3

（四）防护手套、鞋 /4

（五）石油行业员工常见的防毒面具和口罩 /6

二 健康基础知识

（一）传染病基础知识 /8

（二）慢性病知识 /9

（三）心理健康知识 /11

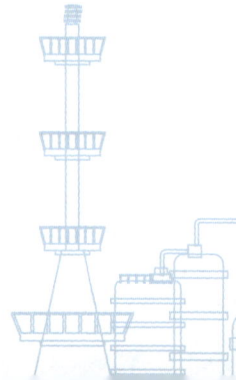

三 石油员工健康预防

(一) 饮食指导 /13

(二) 常见疾病饮食指导 /14

(三) 运动指导 /18

(四) 常见疾病运动指导 /19

四 职业健康预防

(一) 噪声作业防护 /21

(二) 粉尘作业防护 /25

(三) 高温作业的健康防护 /27

(四) 低温作业的防护 /29

(五) 放射作业健康防护 /31

(六) 职业中毒健康防护 /32

五 常见疾病

（一）心绞痛识别及处置 /48

（二）急性心肌梗塞识别及处置 /49

（三）脑卒中识别及处置 /51

（四）癫痫注意事项及处置 /52

（五）肺结节识别及处置 /53

（六）胃溃疡识别及处置 /55

（七）失眠症识别与处置 /56

（八）热射病识别及处置 /57

（九）流感识别及处置 /58

六 石油员工现场急救

（一）CPR（心肺复苏术） /61

（二）气道异物的现场急救 /62

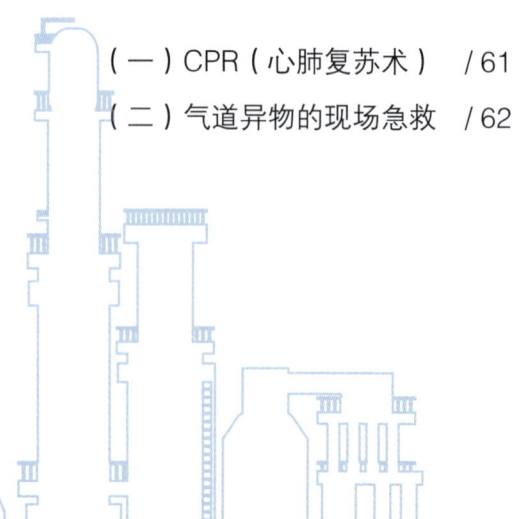
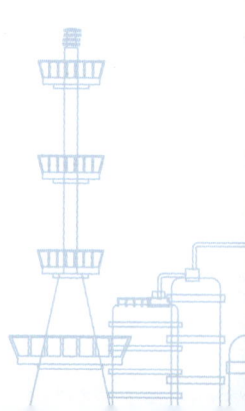

（三）脑溢血的现场急救 / 63

（四）冠心病人发作的现场急救 / 63

（五）高空坠落的现场急救 / 63

（六）车祸现场的急救 / 63

（七）电击伤的现场急救 / 64

（八）煤气中毒的现场急救 / 64

（九）化学品灼伤的现场急救 / 64

（十）溺水的现场急救 / 64

（十一）刀伤和创伤的现场 / 65

（十二）肢体断离的现场急救 / 65

（十三）腹部外伤的现场急救 / 65

（十四）下肢骨折的现场急救 / 65

（十五）昏迷病人的现场急救 / 66

（十六）地震灾害的现场急救 / 66

（十七）遭遇火灾的现场自救 / 66

（十八）创伤急救 / 66

七　石油员工健康干预

（一）健康小屋　/71

（二）健康随诊包　/78

（三）可穿戴设备　/84

（四）AED　/84

（五）健康监测全流程闭环管理　/86

（六）高危疾病人员"四包一"监管做法　/87

八　绿色就医

（一）绿色就医流程　/89

（二）"智慧医疗"线上义诊咨询方法　/90

（三）宝石花便捷就医服务　/91

附录　常用健康监测表

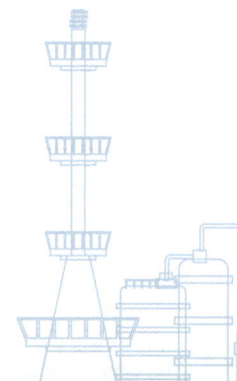

一

石油员工健康防护用品

石油生产是一个综合性的生产行业，流动性大，工作条件艰苦，劳动环境一年四季变化不定，且常与油、气等易燃易爆物打交道，与污水、钻井液、处理剂等有害污染物接触，因此石油员工的健康防护尤为重要，一线员工使用的劳动保护用品要满足防油及防水浸湿、防寒保暖、轻便灵活、安全可靠的功能。

（一）安全帽

安全帽是石油作业人员健康安全的第一道防线。

在高空、井场、隧道施工等作业中，如果上方坠落物触及人的头部，就会造成伤亡事故。因此，安全帽是保护人体头部的必备用品。

安全帽结构由帽壳和内衬两大部分组成。帽、盔的外壳多用铝、聚酯树醋、聚碳酸、聚苯乙烯树醋和柳条、竹条、藤条等材质制作。顶部呈光滑圆弧形，以达到减轻重量、增加强度和弹性的目的，顶部均采用加筋的形式。防护帽、盔外壳对外来冲击起到第一道防护作用，可以使下坠物体的作用力分散，并能吸收掉一部分动能。内衬一般用塑料、锦纶、棉织带制作，式样有一层顶戴和两层顶戴之分。内衬与外壳的连接方式有插接、铆接或在壳体上钻孔直接拴绳连接。帽、盔外壳与内衬之间，四周有一定的空间距离来作为缓冲，防止下坠物体的动能直接作用于头部。

安全帽使用时应标有各种颜色，以便区分用途和有利于安全管理。例如，危险场所、禁止入内的厂矿区及指挥抢险人员等戴的安全帽，着色应与一般作业人员戴的安全帽有所区别。

作业人员进入施工区必须戴硬壳塑料安全帽，安全帽必须经过冲击实验和防电保护实验。为防电击、触电等事故的发生，不允许戴金属安全帽。

（二）防护服

防护服是保护劳动者在生产活动中免遭各种外力、射线和化学物质的伤害，调节体温，防止污染，适应人体机能要求的各种作业服。

不同的作业情况，要求工作服的功能有所不同，各种工作服应便于劳动操作，不影响工效，穿着舒适，行动灵活。

（1）钻工服：其功能可防油、防水、透气，更换期短，适用于钻井、井下、试油、修井、测试等工种。

（2）井喷作业抢险服：适用于进行井喷高温抢救作业人员用；这种服装选用耐高温和强辐射热材料制作，具有防熔融物飞溅不黏连，外表反射率高，并有阻燃的性能。

（3）防酸碱工作服：适用于从事电镀、充电、酸化、压裂、化学实验室等工作的人员穿用。

（4）沙漠工作服：在沙漠从事石油勘探开发的人员，应穿颜色瞩目的红色或橘红色服装；冬季服装应有防风、御寒、保暖、轻便的皮（棉）工作服。

（三）防护眼镜

防护眼镜是为了使眼睛免受电磁波（紫外线、红外线、微波等）辐射，以及粉尘、碎屑、化学药液溅射损伤。

作业过程中常用的防护眼镜有：

（1）普通光学玻璃镜。以普通光学玻璃制成镜片，预防车工、磨工、铣工、钻工、铆工、清砂工、造型工作业时的机械性损伤及酸碱作业化验、采样的酸碱灼伤。驾驶员戴防护镜可防异物进入眼睛。

（2）防射线镜。镜片是在光学玻璃中加入铅，用于 X 射线、γ射线、α射线、β射线高辐射作业人员。

（3）微波防护镜。镜片是在光学玻璃外表面加上一层极薄的氧化亚锡金属粉，用于微波作业。

（4）防紫外线镜。镜片在光学玻璃内融入吸收紫外线的化学物品，对可见光线、紫外线吸收率高。根据不同工种需要，镜片分别安装在架、面罩或头上。现已有液晶制成的电焊镜，遇强光可在瞬间变黑，保护焊接作业者不发生电光性眼炎。

（5）耐高温防护镜。镜片由耐高温玻璃制成，能吸收部分红外线用于冶炼作业的炉前工、司炉工、锻工、看火工、铸工、玻璃工等。

（6）防激光镜。外形为风镜式，镜片多用高分子合成材料制成，可以更换。根据防激光辐射原理，防激光眼镜分为反射型、吸收型、反射吸收型、爆炸型、光化学反应型和变色微晶玻璃型等。

（四）防护手套、鞋

在石油行业生产中，手部与脚部的伤害较多，特别是机械伤害中，手指受伤的比例最高。石油作业人员工作时应戴工作手套（冬、夏应有区别），以免接触有腐蚀的表面或带尖的物体。在可能接触到化学药品或电的地方，作业人员必须戴上防化学药品或防触电的手套。

戴手套时，注意不要让手腕裸露出来，以防在作业时焊接火星或其他危险物溅入袖内造成伤害，在操作各类机床或有被夹挤危险的地方作业时严禁戴手套。

足部的防护是指劳动者根据作业条件，穿用特制的鞋、靴，以防止可能发生的足部伤害事故，石油作业人员工作时要穿高筒硬头皮鞋，鞋底应防滑。严禁穿布鞋、棉鞋、旅游鞋。

防护鞋、靴主要有以下几种。

1. 防静电鞋和导电鞋

防静电鞋用于防止人体带静电而可能引起的事故，以及避免工频电容设备偶然引起的人体电击伤害。导电鞋用于对人体静电敏感而可能发生火灾或爆炸的场所。

2. 防寒鞋

常用的棉鞋、皮毛靴、毡靴、热力靴等，均具有良好的保温性。对于在严寒低温作业环境下操作的人员，应穿热力靴，这种防寒鞋选用的材料，其保温性能是很好的，并且在结构设计上与平常靴不同，自身备有均匀产热的能源。

3. 防燃鞋

主要适用于高温作业人员穿着，有油浸牛皮面鞋、帆布镶皮鞋等种类，鞋底均为轮胎底，可防止足部烧烫、刺割等危害。这种鞋具有一定的抗静压、不易燃着的性能。

4. 防滑鞋

对于工作环境过于光滑或由于污染物使工作人员容易发生滑跌、摔倒的场所，要穿着防滑鞋，即鞋底结构应制成防滑和耐磨的，不能过于平滑。根据作业性质要求不同，有防砸防滑鞋、绝缘防滑鞋、耐油防滑鞋、矿工防滑鞋和运动防滑鞋等多种。

5. 防酸防碱鞋

主要适用于地面积有酸、碱及其他腐蚀性物质的作业场所，大多做成高筒靴，用耐酸、耐碱的橡胶制作。在有些工作场所，也有做成靴裤连用的。

6. 防砸鞋

主要功能是可以防坠落物砸伤脚面、脚趾。鞋的前包头常用抗冲击性好、强度高、重量轻的金属、工程塑料等材质做骨架外面，再包上皮革、帆布制品。

7. 油鞋

用于地面积油或油溅作业场所，可用耐油橡胶、聚氯乙烯塑料制作。

8. 石棉鞋及鞋盖

用于防脚面烫伤、污染及有一定外力冲击的作业场所，大多用帆布、石棉织布、铝膜制作。

9. 防水靴

用于地面积水或溅水的作业场所,基本材质是橡胶制品。根据作业范围不同,又有矿工防水靴、水产靴、盐滩靴和插秧靴等种类之分。

(五)石油行业员工常见的防毒面具和口罩

1. 简易防毒口罩

用于毒性极小、刺激不大、浓度较低,空气中氧气体积分数不低于18%的作业场所。使用中若嗅到轻微的有毒刺激性气味时,即表示口罩失效,应更换新滤垫。

2. 半面罩型防毒口罩

适用于空气中氧气体积分数大于18%,有毒气体体积分数低于0.1%,对眼睛和皮肤无刺激作用的场所。

3. 过滤式防毒面具

主要用于毒气浓度较高,而且对眼睛和面部皮肤有刺激的作业环境,有头罩式、面罩式两种。

4. 正压式空气呼吸器

是一种自给开放式空气呼吸器,广泛应用于石油、消防、化工、船舶、冶炼、仓库、实验室、矿山等部门,供消防员或抢险救护人员在浓烟、毒气、蒸气或缺氧等各种环境下安全有效地进行灭火、抢险救灾和救护工作。

（1）特点：具有重量轻、体积小、使用维护方便、佩戴舒适、性能稳定等优点，是从事抢险救灾、灭火作业理想的个人呼吸保护装置。

（2）结构：正压式呼吸器由面罩、气瓶、瓶带组、肩带、报警哨、压力表、气瓶阀、减压器、背托、腰带组、快速接头、供给阀组成。

（3）注意事项：正确佩戴器具，检查合格即可使用；定期检查呼吸器连接的紧密性，面罩、头罩供气阀和连接软管的情况，橡胶和弹性部位的柔软性和磨损情况；及时对使用后的钢充气；使用过程中听到报警号后，应立即撤离现场。

5. 长管式防毒面具

分自然通风式与强制通风式两种，自然通风式长度为 20m 以下，强制通风式长度为 20m 以上。

注意事项：使用长管式面具要有专人监护，监护人必须认真负责确保软管畅通无阻，被监护人要听从监护人的指挥，严禁在毒区脱下面罩；戴长管式面具进入密闭设备工作，监护人和被监护人之间须事先规定好联络信号；必须经过学习并掌握此种面具使用方法的人才能使用。

6. 自生氧式防毒面具

自生氧式防毒面具由生氧器（内装生氧器、呼吸囊、呼吸阀、吸气囊、应急补给装）、头罩（面罩、口鼻罩）、双套导气管、背腰带等主要部件组成，主要供救护人员佩戴，适合于密闭、缺氧、毒物浓度较高的环境。

健康基础知识

（一）传染病基础知识

1. 什么是传染病

传染病指由病原微生物感染人体后产生的有传染性、在一定条件下可造成流行的疾病。

2. 常见传染病及传播方式

（1）常见传染病：菌痢、伤寒、霍乱、甲型病毒性肝炎、流脑、猩红热、百日咳、流感、新冠、麻疹、血吸虫病等。

（2）传播方式如图 2-1 所示。

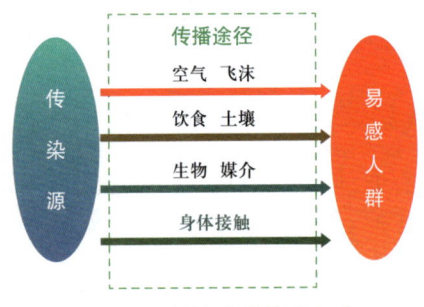

图 2-1　传染病的传播方式

3. 传染病的预防

（1）讲究卫生，健康生活。

（2）增强体质，抵御疾病。

（3）相信科学，预防为先。

（二）慢性病知识

1. 什么是慢性病

慢性病是慢性非传染性疾病（NCDs）的简称，不是特指某种疾病，而是对一组起病时间长、一旦发病即病情迁延不愈的非传染性疾病的概括性总称。

2. 常见的慢性病主要有哪些

心脑血管疾病、癌症、糖尿病、慢性呼吸系统疾病，其中心脑血管疾病包括高血压、脑卒中和冠心病等。

3. 慢性病发生的原因

慢性病的发病原因60%取决于个人的生活方式，同时还与遗传、医疗条件、社会条件和气候等因素有关。

在生活方式中，膳食不合理、身体活动不足、烟草使用和有害使用酒精是慢性病的四大危险因素。

慢性病对人群生活质量和生命质量危害最大，其发病原因与不良生活方式密切相关，故又称为"生活方式病"。

4. 慢性病有哪些典型症状

慢性病涉及全身系统，典型症状因具体疾病类型不同而有明显的差异，但单一系统疾病之间具有相同的表现。具体如下：

（1）循环系统慢性病常有发热、呼吸困难、胸闷、胸痛、心悸、水肿、头晕、晕厥等。

（2）呼吸系统慢性病常有咳嗽、咳痰、咯血、呼吸困难、胸痛等。

（3）消化系统慢性病常有恶心、呕吐、吞咽困难、呕血、便血、腹痛、腹泻、便秘、黄疸等。

（4）泌尿系统慢性病常有排尿异常、尿痛、尿血、尿频、水肿、高血压等。

（5）血液系统慢性病常有贫血、出血等。

（6）内分泌及营养代谢性疾病常有出汗、乏力、情绪易激动、失眠多梦、面色暗淡、血压异常、食欲异常、体重改变等。

（7）肌肉骨骼系统和结缔组织疾病常有关节红肿疼痛、僵硬、乏力等。

（8）恶性肿瘤常有肿块异常增大，肿瘤细胞侵犯、破坏邻近的组织和器官，晚期出现恶病质。

5. 秋冬季为什么好发心脑血管疾病

（1）寒冷导致血管收缩，心率加快，血压升高，心脏负荷加大。

（2）秋冬季维生素 D 水平下降，影响心肌收缩功能。

（3）冬季高热量饮食，引起肥胖、胆固醇水平升高，更易造成血管堵塞。

（4）冬季血压升高且易波动，加速冠脉硬化的形成和发展。

（5）体力活动减少，身体耐受力和调节能力减弱。

（6）空气干燥，凝血活性增强，血管收缩，血流缓慢，更易形成血栓。

（7）空气污染物会加快心率，升高血压，激发血管炎症反应，导致高凝状态。

（8）易发生呼吸道感染，导致肺组织的氧交换能力下降。

6. 如何预防慢性病

预防慢性病有16字"健康箴言"：合理膳食、适量运动、戒烟限酒、心理平衡。

（三）心理健康知识

世界卫生组织对健康的解释：健康不仅指一个人身体有没有出现疾病或虚弱现象，而且指一个人生理上、心理上和社会上的完好状态，这是健康的较为完整的科学概念。

1. 心理健康对身体的影响

心理健康是身体健康的精神支柱，身体健康又是心理健康的物质基础。良好的情绪状态可以使生理功能处于最佳状态，反之则会降低或破坏某种功能而引起疾病。身体状况的改变可能带来相应的心理问题，生理上的缺陷、疾病，特别是痼疾，往往会使人产生烦恼、焦躁、忧虑、抑郁等不良情绪，导致各种不正常的心理状态。作为身心统一体的人，身体和心理是紧密依存的两个方面。

2. 影响心理健康的因素

日益激烈的社会竞争，工作压力，工作环境，人际关系，职位变迁，福利、薪水的差异，家庭的和谐等都会直接影响员工的心理健康状况。

3. 如何缓解状态

可以从以下几方面缓解紧张的心理状态：

（1）保持乐观的情绪。

（2）善于排除不良情绪。

（3）经常帮助别人。

（4）善待别人，心胸大度。

（5）要有广泛的爱好。

（6）保持一颗童心。

（7）培养生活中的幽默感。

（8）学会协调自己与社会的关系。

石油员工健康预防

（一）饮食指导

健康饮食原则——三减三健：

（1）三减：减盐、减油、减糖。

（2）三健：

① 健康饮食：多吃富含钙的食物，每周应保持至少3次的户外活动，多晒太阳补充维生素D，促进钙的吸收和利用。

② 健康口腔：养成良好的口腔卫生习惯，每天早晚彻底刷牙两次，每次不少于3min，每3个月更换牙刷，定期口腔检查。

③ 健康体重：体质指数（BMI）= 体重（kg）- 身高的二次方（m^2）。当BMI指数为18.5～23.9时属标准体重。

平衡膳食，合理营养，可以减少与营养及膳食相关的疾病，提高健康水平。

（1）食物多样，谷类为主，谷类包括米、面、杂粮。

（2）多吃蔬菜水果和薯类可以保持肠道正常功能，提高免疫力。

（3）每天吃奶类、大豆或其制品，建议每人每天平均饮奶300mL。

（4）常吃适量的鱼、禽、蛋和瘦肉，瘦畜肉铁含量高且利用率好；鱼类和禽类脂肪含量一般较低；蛋类富含优质蛋白质，各种营养成分比较齐全。

（5）减少烹调油用量，吃清淡、少盐，不要吃太油腻、太咸，以及油炸、烟熏、腌制食物。

（6）食不过量，保持运动，至少每周进行中等强度体力活动150min，每周至少2d进行肌肉阻抗练习。

（7）三餐分配要合理，一般情况下，早餐安排在6∶30—8∶30，午餐在11∶30—13∶30，晚餐在18∶00—20∶00进行为宜。要每天吃早餐并保证其营养充足，午餐要吃好，晚餐要适量。

（8）每天足量饮水，每日饮水1500～1700mL（7～8杯）；饮水应少量多次，饮水最好选择白开水。

（9）如饮酒应限量，建议成年男性饮用酒的酒精量不超过25g/d，成年女性饮用酒的酒精量不超过15g/d。孕妇和儿童、青少年应忌酒。

（10）吃新鲜卫生的食物，选择符合卫生标准的食物，严格把住病从口入。

总之，根据个人年龄、性别、身高、体重、劳动强度、季节等适当调整自己的食物需要量，合理分配三餐食量。

（二）常见疾病饮食指导

1. 糖尿病患者饮食指导

血糖正常值：空腹在3.9～6.1mmol/L，餐后1h在6.7～9.4mmol/L，餐后2h不大于7.8mmol/L。

血糖值对于治疗疾病和观察疾病都有着指导意义。空腹血浆血糖超过 7.0mmol/L 有可能是糖尿病。

糖尿病患者饮食原则见图 3-1，可参考以下方法管理日常饮食。

1）早餐可以这么吃

（1）蛋白质类 2 份，如 1 瓶牛奶（150g）+1 鸡蛋（60g）。

（2）谷薯类 3 份，如 1 个早餐面包（50g）+3 片苏打饼干（30g）。

（3）蔬菜 0.5 份，如 250g 黄瓜。

2）午餐可以这么吃

（1）水果 1 份，如 1 个苹果。

（2）蛋白质类 1.5 份，如 50g 肉 +50g 北豆腐。

（3）油脂类 1.5 份，如 1.5 勺植物油。

（4）谷薯类 3 份，如 1 碗米饭。

（5）蔬菜 1 份，如 250g 油菜 +150g 胡萝卜。

图 3-1　糖尿病饮食原则

3）日常饮食三宜三不宜

（1）三宜包括：

宜吃五谷杂粮，如荞麦面、燕麦片、玉米面、紫山药等富含维生素 B、多种微量元素及食物纤维，以低糖、低淀粉的食物或者粗粮及蔬菜等作为主食。

宜吃豆类及豆制品，富含蛋白质、无机盐和维生素，且豆油含不饱和脂肪酸，能降低血清胆固醇及甘油三酯。

宜吃苦瓜、桑叶、洋葱、香菇、柚子可降低血糖，是糖尿病人最理想食物，如能长期食用，则降血糖和预防并发症的效果会更好。

（2）三不宜包括：

不宜吃各种糖、蜜饯、水果罐头、汽水、果汁、果酱、冰淇淋、甜饼干、甜面包及糖制糕点，这些食品含糖量高，食用易出现高血糖。

不宜吃含高胆固醇的食物及动物脂肪，如动物的脑、肝、心、肺、腰，以及蛋黄、肥肉、黄油、猪牛羊油等，这些食物易使血脂升高，易发生动脉粥样硬化。

不宜饮酒，酒精能使血糖发生波动，空腹大量饮酒时，可发生严重的低血糖，而且醉酒往往能掩盖低血糖的表现，不易发现异常，非常危险。

2. 高血压患者饮食指导

（1）减少食盐摄入：

① 减少烹调用盐。

② 限制酱油的用量。

③ 使用代用盐。

④ 增加副食品种类：多吃新鲜蔬菜、水果、鱼类、瘦肉等。

⑤ 少吃加工食品，如香肠、咸鱼、酱菜等。

（2）控制脂肪摄入量及总热量的摄入：

① 少吃糖果、糕点等甜食。

② 减少做菜用油，少吃或不吃肥肉、油炸食品，不吃各种肉

皮（鸡皮、鸭皮）。

③ 超重或肥胖的高血压患者应适当减少主食量，增加新鲜蔬菜的摄入量。

（3）增加钙的摄入量。

3. 冠心病患者饮食指导

（1）食物多样化，谷类为主：

① 每天的膳食应包括谷薯类、蔬菜类、畜禽鱼蛋奶类、大豆坚果类等食物。

② 平均每天摄入12种以上食物，每周25种以上。

③ 食不过量，控制总能量摄入，保持能量平衡。

（2）多吃蔬菜、奶类、大豆：

① 蔬菜水果是平衡膳食的重要部分，奶类富含钙，大豆富含优质蛋白质。

② 天天吃水果，注意果汁不能代替鲜果。

③ 吃各种各样的奶制品。

（3）适量吃鱼、禽、蛋、瘦肉：

① 鱼、禽、蛋和瘦肉摄入要适量。

② 注意吃鸡蛋不弃蛋黄。

（4）严禁暴饮暴食，忌烟、酒，忌饮浓茶、咖啡，少吃辛辣刺激食品。

（5）适当限制钠离子的摄入量。除食盐外，某些腌、熏食品（如咸肉、咸鱼、酱菜等）及酱油和味精等钠含量也很高，故高血压心脏病患者也应少吃这类食物。

（6）服用利尿剂的病人，应注意钾的补充。钾含量较高的食物有柑橘、红枣、无花果、葡萄、花椰菜、大豆、菠菜、马铃薯等。

（三）运动指导

刚开始运动需要注意以下几个要点。

1. 运动频率

（1）柔韧性运动，最好每天都进行。

（2）在抗阻运动中，同一肌肉群的力量、耐力运动频率为隔天一次最佳，2～3d/周。

（3）对于有氧运动，世界卫生组织推荐成年人有氧运动不少于3d/周。

2. 运动强度

（1）运动强度过小，没有明显的健身效果；强度过大，可能造成运动伤害。

（2）抗阻运动的强度为：锻炼后有一定的疲劳感，疲劳感在运动后第二天基本消失。

（3）判断有氧运动强度，可用运动中谈话来衡量：

① 运动时能说话也能唱歌，为低等或较低强度；

② 能说话但不能唱歌，为中等强度运动；

③ 不能说出完整句子，即较大及以上水平强度的运动。

3. 运动方式

运动可归纳为有氧运动、力量练习、球类运动、中国传统运动方式、牵拉练习等几大类。

鼓励老年人参加包括有氧运动、抗阻训练、平衡能力（预防跌倒）和柔韧性练习的综合运动，每周至少 2 次，并可以将其融入生活中。

4. 运动时间和总量

世界卫生组织推荐：成年人每周至少累计进行 150～300min 中等强度的有氧运动，或 75～150min 较大强度的有氧运动；每周 2～3 次抗阻练习。

有氧运动每周的运动时间可分散在 3～5d 完成。2min 中等强度有氧运动，相当于 1min 较大强度有氧运动。抗阻练习最好隔天进行。

（四）常见疾病运动指导

1. 糖尿病患者运动指导

（1）适当进行有氧运动：所谓有氧运动是指运动强度不大，运动持续时间相对较长，运动频率比较规律，在运动的过程中人的供氧量能满足机体需求的运动，如打太极拳、散步、快走等。

（2）少做无氧运动：无氧运动指运动强度较大，短期内机体消耗的能量较多，氧供给不能满足机体需要，容易产生乳酸的运动，如拳击、快跑等。

2. 高血压患者运动指导

（1）选择适宜的运动项目，如快步行走、慢跑、游泳、广场舞等，但不宜选择剧烈的运动项目，运动时间宜选择在傍晚。

（2）每天至少活动 1 次，每次活动至少 30min，每周至少活动 5d，活动后心率不要超过 220－年龄（岁）的 70%。

（3）锻炼强度因人而异：在结束运动后自测脉搏数，脉率在3～5min恢复至静息状态下的水平，并且疲劳感在1～2h内消除，说明运动量适合患者的身体状态。

注：酒后不要运动，酒精本身加速血液循环，容易诱发高血压等心脑血管疾病。

3. 冠心病患者运动指导

注意吃动平衡、健康体重：

（1）各年龄段人群都应天天运动，保持健康体重。

（2）减少久坐时间，每小时起来动一动。

（3）坚持日常身体活动。每周至少进行5d中等强度身体活动，可以选择步行、骑自行车、正常速度爬楼梯、慢跑、太极拳、保健操等项目。累计150min以上主动身体活动最好每天6000步。

（4）结合病人平时心率、运动时血压变化和病人的自觉症状来调整运动量。

（5）运动强度依心率而定，运动最大心率=220－年龄。为安全起见，用运动最大心率的70%以下，作为运动量的指标。

四
职业健康预防

（一）噪声作业防护

噪声——凡是使人感到厌烦、不需要或有损健康的声音都称为噪声，长期暴露于一定强度的噪声环境中，会损伤机体的听觉系统和非听觉系统功能，所导致的噪声聋是我国法定的职业病。

噪声为石油行业的主要职业病危害因素之一，贯穿于整个工艺流程，一般噪声强度在80～100dB（A）之间，为了把这种危害降到最低，石油作业员工在劳动过程中必须使用噪声防护用品。

1. 作业场点噪声声级的卫生限值

作业场点噪声声级的卫生限值见表4-1。

表4-1 作业场点噪声声级的卫生限值表

日接触噪声和时间，h	卫生限值，dB（A）
8	88
4	91
2	94
1	97
1/2	100

续表

日接触噪声和时间，h	卫生限值，dB（A）
1/4	103
1/8	

最高不得超过115dB（A）。

2. 防护用品

1）隔音耳塞

一般是由硅胶或者抵押泡沫材质、高弹性聚酯材料制成。插入耳道后与外耳道紧密接触，以隔绝声音进入中耳和内耳，达到隔音的目的。经测试隔音耳塞的隔音效果可达10～35dB。目前大多数噪声环境作业人员不习惯使用耳塞，需要加强职业卫生宣传，提高自我保护意识。耳塞正确使用方法见图4-1。

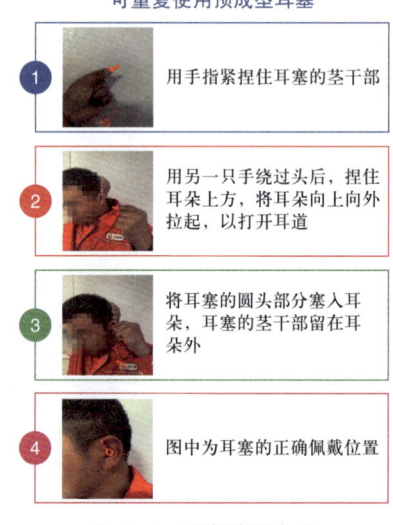

图4-1 耳塞使用方法

2）耳罩

耳罩通常为塑料制造，内衬泡沫或海绵垫层，覆盖耳上，可置住部分乳突骨和部分颅骨，从而减少由骨传导的噪声。耳罩对110dB（A）以下、频率大多是1000～3000Hz的稳态噪声防护效果较好。用耳罩时加用耳塞，可增强防噪声效果。

图4-2 耳罩佩戴效果图

3）防噪声帽

在石油作业中，特别强的噪声除经外耳道传入听觉器官以外，还可以通过颅骨传导至听觉器官。这种情况下，佩戴防噪声帽效果较好。防噪声帽一般分为硬式和软式两种。

3.噪声健康损害

噪声健康损害见表4-2。

表 4-2 噪声健康损害

特异性作用	非特异性作用
听觉适应：短时间接触较强的噪声，会感觉刺耳、不适耳鸣、听力下降。离开噪声环境数分钟后可完全恢复	消化系统：长期接触生产性噪声，会使人食欲不振、恶心、胃张力降低
听觉疲劳：长时间接触较强的噪声，听力下降明显，脱离接触后，需要十几个小时甚至二十几个小时才能得到恢复	心血管系统的影响：生产性噪声会使交感神经紧张、心跳加快、心律不齐、心电图T波改变、传导阻滞、人体血压异常变化等
听力障碍，如果接触的时间持续延长，这时的听力损失不能完全恢复或不能恢复，称为噪声性耳聋	神经系统：头疼、脑涨、眩晕、耳鸣多梦、失眠、心慌、记忆力减退等神经衰弱症状

4. 健康防护

（1）噪声强度符合工业企业噪声卫生标准。《工作场所有害因素职业接触限值 第2部分：物理因素》(GBZ 2.2)以语言听力损伤为主要依据，规定工作地点噪声容许标准为85dB（A），接触不足8h，噪声标准可相应放宽，即接触时间减半容许放宽3dB（A），最大强度不得超过115dB（A）。

（2）控制和消除噪声源。防治噪声危害的根本措施，包括隔离噪声源，利用消声器消声，将声源封闭，阻止噪声传播；加强机械维修，减低部件松动引起的噪声；采用吸声的材料作为车间的屋顶、内壁，以降低车间内的噪声。

（3）合理规划和设计厂区厂房。噪声车间和非噪声车间、休息区之间保持一定距离。

（4）个体防护。主要保护听觉器官，在作业环境噪声轻度超标场所佩戴个人防护用品。

(5)健康检查。健康检查包括上岗前体检和定期体检。上岗前体检是为了获得听力的基础资料,发现职业禁忌,对患有听觉器官、心血管及神经系统器质性疾病者,禁止从事噪声作业。定期体检是通过听力检查,观察作业人员听力变化,早期发现听力损伤,及时采取有效的防护措施。

(6)合理安排劳动和休息,实行工间休息制度。

(二)粉尘作业防护

粉尘是能够长时间呈浮游状在空气中的固体微粒,生产过程中所形成的粉尘称为生产性粉尘,来源和分类见表4-3。

表4-3 粉尘的来源和分类

生产性粉尘的来源	粉尘的分类
固体物质的机械加工或粉碎,如金属研磨、切削、钻孔等	无机粉尘:矿物性粉尘、金属性粉尘、人工无机粉尘
物质加热时产生的蒸气在空气中凝结或被氧化所形成的尘粒,如金属熔炼、焊接、浇铸等	有机粉尘:动物性粉尘、植物性粉尘、人工有机粉尘
有机物质不完全燃烧所形成的微粒,如木材、油、煤类等燃烧时所产生的烟尘等	混合性粉尘是上述各类粉尘,以两种以上物质混合形成的粉尘,在生产中这种粉尘最多见
铸件的翻砂、清砂粉状物质的混合、过筛、包装、搬运等操作过程中,以及沉积的粉尘由于震动或气流运动,使沉积的粉尘重又浮游于空气中(产生二次扬尘)也是粉尘的来源	

1.常用的防尘用品

石油作业人员经常要和粉尘打交道,防尘用品是必不可少的。

1）自吸式过滤式防尘口罩

适用于空气中氧含量 18% 以上的接触粉尘作业环境，不适用于有毒气体环境。具有阻尘效率高、呼吸阻力低、佩戴舒适、使用和清洗方便等特点，可以有效防止矽肺的发生。

2）送风式防尘口罩

这种口罩的主体口鼻罩用无毒橡胶制成，为内卷式，左右装两个呼吸阀，下部有吸气嘴与导气管连装。导气管为蛇形管，过滤盒由塑料注塑成型。风机送风量不小于 60L/min，此为送风过滤式。另外也有送风隔离式，将洁净空气送入口罩内供呼吸。

3）送风式防尘面具

这种面具可以将作业人员的面部与粉尘环境隔离。洁净空气自长导管送入面具内供呼吸，适用于粉尘浓度大、用过滤式口罩不能满足防尘要求的作业中使用，只能隔离低浓度有毒气体，并需与空气压缩机和过滤器配套使用。

2. 粉尘健康损害

（1）尘肺。长期吸入较高浓度的生产性粉尘可引起以肺组织纤维性病变为主的全身性慢性疾病，是一种严重的职业病，从目前的医学水平来说是不可治愈的，因此应着重预防。

（2）金属粉尘沉着症。有色金属如铜、钡、锡等粉尘吸入后，可使肺组织中呈现异物反应，并继发轻微纤维性病变。此类粉尘对人体健康危害较小，脱离粉尘作业后，病变无进展，阴影可逐渐消退。

（3）有机粉尘引起的肺部病变。不同的有机粉尘有不同的生物学作用。如棉尘引起棉尘病，皮毛、羽毛尘可致支气管哮喘，甘蔗渣引起蔗渣尘肺等。

（4）呼吸系统肿瘤。有些粉尘已确认可致癌，如放射性矿物尘、金属尘（镍、钴、砷）、石棉等。

（5）中毒作用。吸入铅、锰、砷等有毒粉尘，能在支气管和肺泡壁上溶解后吸收引起中毒。

（6）皮肤损害。长期接触生产性粉尘可致阻塞性皮脂腺炎、皮肤干燥等。

（7）眼睛损害。金属和磨料粉尘进入眼部可引起角膜损伤，导致角膜感觉迟钝和角膜混浊。

3.健康防护

（1）就业前的健康检查，及时发现从事粉尘作业禁忌证。

（2）定期健康体检，早发现、早治疗。

（3）定期对粉尘作业环境进行监测，了解作业场所劳动条件，及时落实或改进防尘措施，改善劳动条件。

（4）加强粉尘作业员工的个人防护，养成良好的个人卫生习惯。

（三）高温作业的健康防护

1.什么是高温作业

高温作业是指在高气温或在强热辐射的不良气象条件下进行的生产劳动。按气象条件的特点，可分为干热型、湿热型和夏季露天作业型，这三种类型的高温作业环境在石油行业工作中均可遇到。

2.高温作业的健康损害

高温作业的健康损害见表4-4。

表 4-4 高温作业的健康损害

部位	健康损害
血液循环系统	高温作业时,皮肤血管扩张,大量出汗,血液浓缩,造成心脏活动增加、心率加快、血压升高、心血管负担增加
消化系统	高温抑制唾液分泌,胃液分泌减少,胃、肠蠕动减慢,造成食欲不振或胃肠道疾病。大量出汗和氯化物的丧失,使胃液酸度降低,易造成消化不良
泌尿系统	高温下,人体的大部分体液由汗腺排出,经肾脏排出的水、盐量大大减少,使尿液浓缩,肾脏负担加重
神经系统	在高温及热辐射作用下,肌肉的工作能力,动作的准确性、协调性,大脑反应速度及注意力会降低

3. 健康防护

石油作业人员工作强度大,热量消耗大,出汗多,易出现食欲不振、恶心、头晕、体力下降等症状,所以要做好卫生防护,避免作业人员中暑情况的发生。高温作业者应做到:

(1)加强个人防护,包括隔热工作服、工作帽、手套、面罩、鞋盖、护腿、防护服等,并正确合理使用及佩戴。

(2)做好预防保健工作。高温作业工人上岗前进行体格检查,有高温作业禁忌证的人员禁止从事高温作业。

(3)合理安排作业人员劳动和休息,保证有充足的睡眠与休息。

(4)加强个人体育锻炼,增强机体的抵抗力。

(5)清淡饮食,多饮用清热解毒的清凉饮料,并注意饮食卫生,避免"病从口入"。

(6)随身携带一些防暑降温药品,如人丹、清凉油、藿香正气水等。

4. 高温作业下"能量补充"

高温条件下，人体内的水分、盐流失量很大。为维护机体的正常功能，高温作业人员应及时补充与出汗量相等的水分和盐。每人每天至少应补充水分3000~5000mL，补充食盐15~25g（包括食物中含的盐）。

（1）补充的方法：盐开水，每500g水中加食盐1g左右为宜。

（2）饮水原则：少量多次，每次150~200mL为宜，饮用不宜过快，以减少汗液排出。

（3）饮食与营养原则：高热量、高蛋白、高维生素的平衡膳食，总热量应较正常环境下的作业人员高出15%左右。在每日的膳食中应有一定比例的营养价值较高的动物蛋白或豆类蛋白，并注意维生素供给，首先应补充维生素B_1、维生素B_2、维生素C等水溶性维生素。

（四）低温作业的防护

1. 什么是低温作业

低温作业主要包括寒冷季节从事室外或室内无采暖设备的作业，以及工作场所有冷源装置的作业，如林业、农业、矿业、土建、运输等。作业人员在接触低于0℃的环境或介质（如制冷剂、液态气体等）时，均有发生冻伤的可能。

2. 低温作业的健康损害

长期从事低温工作可对人的心血管系统、免疫系统、中枢神经系统及骨关节产生危害,引起一些职业相关疾病。温度过低会影响机体功能,会出现血压、脉搏、瞳孔对光反射等消失,甚至出现肺水肿、心室纤颤和死亡。

3. 健康防护

(1)做好防寒保暖工作。按照《工业企业设计卫生标准》(GBZ 1—2010)和《工业建筑供暖通风与空气调节设计规范》(GB 50019—2015)的规定,提供采暖设备,使作业场点保持合适温度。

(2)注意个人防护:环境温度低于 -1℃,尚未出现中心体温过低时,肢体远端或裸露部位的组织即可发生冻伤,因此手脚和头部御寒很重要。

(3)加强耐寒锻炼,增强抗寒能力。低温环境作业可以通过秋末季节冷水洗脸、洗手脚等主动耐寒训练,刺激机体产热增加,体表组织隔热性提高,从而减少冷冻伤害。

(4)平衡膳食,补充足量维生素。低温作业者除正常饮食外,应适当补充高热量食物、谷类食物和维生素,增加摄入的热能,提高机体御寒能力。

4. 冻伤处理

(1)迅速脱离寒冷环境。

(2)防止继续受冻,抓紧时间尽早快速复温,注意进行复温时,应遵循由里到外,由躯干到四肢的原则,切忌先行四肢复温。

(3)改善局部微循环。

(4)如冻伤严重应尽早就医。

(五)放射作业健康防护

1. 什么是放射作业

是指使用放射性物质进行的工作,能够对人体和环境造成辐射损害。石油测井作业是在钻井过程中或油气开采过程中进行的特殊作业,作业过程中会使用到射线。

2. 放射作业的健康损害

放射作业的健康损害分为:

(1)急性损伤:发生在意外事故或误服放射性物质时。

(2)慢性损伤:即慢性放射病,是指机体在较长时间内反复受到低剂量的照射,损伤累积直至引起的全身性疾病。主要发生在从事外照射工作者中,因防护条件差和违反操作规定而致病。

常见的放射作业健康损害见表4-5。

表4-5 常见的放射作业健康损害

影响部位	健康损害
神经系统	头昏、头痛、乏力、记忆力减退、睡眠障碍、易激动、心悸、气短、食欲减退等自主神经功能紊乱综合征
造血系统	外周血液的变化早于骨髓的变化。白细胞变化较早,血小板、红细胞的改变出现较晚。 白细胞的数量变化包括三种类型:白细胞数超过正常值的增高型,白细胞在正常值上下波的波动型,白细胞数低于正常值的减少型

3. 放射作业健康防护

(1)生产设备密闭化。放射性矿物碎样、加工、溶解等过程在密闭化的系统中工作,防止放射性灰尘逸出污染空气。

（2）加强通风。在勘探放射性物质时，充分利用自然通风，如果自然通风效果不佳，必须采用机械通风。

（3）湿式作业。在勘探放射性矿井作业时，采用湿式作业，使放射性粉尘降落沉积。

（4）去除表面污染。

（5）个人防护。凡从事放射性勘探、化验、样品加工、使用放射性同位素、中子源测井的工作人员，均应配备工作服、口罩、工作帽、鞋子等个人防护用品。

（六）职业中毒健康防护

1. 什么是职业中毒

毒物：引起机体暂时的或永久的病理状态物质的统称，毒物引起的全身性疾病为中毒。

职业中毒：是指劳动者在生产劳动过程中过量接触生产性毒物而引起的中毒。

2. 职业中毒的健康损害

在石油炼制、石油化工等过程中，各种毒物都会对健康产生重大影响。

（1）局部刺激和腐蚀。例如，人接触氨气、氯气、二氧化硫等刺激性气体，可出现流泪、睁不开眼、鼻痒、鼻塞、咽干、咽痛等表现，严重时可出现剧烈咳嗽、胸闷、胸疼。高浓度的氨、硫酸、盐酸、氢氧化钠等酸碱性物质，还可腐蚀皮肤、黏膜，引起化学灼伤。

（2）中毒。中毒可有急性、慢性之分，也可以身体某个脏器的损害为主，表现多种多样。此外身体长期与某些化学物质接触，会增加肿瘤的发病率，改变免疫功能等。

3. 石油作业中的毒物中毒急救与预防

石油作业中的有毒物质分为刺激性气体、窒息性气体、有机溶剂三类。其中刺激性气体包括氮氧化物、二氧化硫、氨；窒息性气体包括氮气、硫化氢、一氧化碳；有机溶剂包括苯、二硫化碳、汽油。

窒息性气体是指吸入该气体后，造成人体组织处于缺氧状这类气体统称为窒息性气体。石油化工行业常见的窒息性气体有氮气、硫化氢、一氧化碳、氰化氢等。

有机溶剂是指溶解油脂、蜡、树脂、橡胶和染料等物质的有机化合物。其共同的物理特性：易挥发，分子质量小，在室温内即可汽化，除通过呼吸道吸入可引起中毒外，也容易通过皮肤吸收，如与皮肤直接接触即可经皮肤入血。

由于有机溶剂分子质量小，脑中毛细血管的血脑屏障不能阻止其进入脑内，因此很容易进入脑内引起中枢神经系统急性或慢性中毒。有机溶剂本身毒性不大，主要是通过在体内代谢产生的产物具有特征性毒性。

1）氮氧化物

氮氧化物也称氧化氮。氮氧化合物因氧化程度不同而具有不同的颜色（黄色至深棕色）和相对密度。空气中常见的氮氧化物以氧化氮为主。

轻度中毒时，有轻度刺激性咳嗽、眼部不适、胸闷、乏力、食欲减退等。

中度中毒时,经过3～12h潜伏期,症状加重,有头痛、头昏、恶心、气急、胸闷、呛咳等。

重度中毒时,胸闷、肋骨下疼痛,紧压感,呼吸明显困难出现呛咳,咳粉红色泡沫痰,有可能出现休克等。

长期吸入低浓度氮氧化物,可再现咽干、咽疼、咳嗽等不适,还可见不同程度的神经衰弱综合征等。

作业人员发生氮氧化物中毒后,应采取如下急救措施:

(1)迅速将病人移离中毒现场至空气新鲜处,静卧、保暖,立即吸氧保持呼吸道通畅。

(2)对密切接触氮氧化物者需严密观察24～72h,注意病情变化。

(3)防治化学性肺水肿,早期、足量、短程应用糖皮质激素及消泡剂二甲基硅油。

氮氧化物中毒的预防:

(1)产生二氧化氮的设备管道、容器等应定期维修,杜绝二氧化氮跑、冒、滴、漏。

(2)产生二氧化氮的生产过程应密闭、通风排气,应用必要的个人防护用品。

(3)急需进入设备检修时须戴供氧式面具,并应有人在现场监护。

2)二氧化硫

二氧化硫是无色气体,有刺激性臭气味,酸性,不燃烧,比空气重。

二氧化硫进入人体的途径主要为口腔吸入、皮肤接触一氧化硫会引起人体黏膜发炎,慢性中毒出现食欲减退、鼻炎、喉炎、气管炎等，重度中毒出现呼吸困难、意识障碍、气管炎、肺水肿，甚至死亡。

作业人员发生二氧化硫中毒后，应采取如下急救措施：

（1）迅速离开现场至空气新鲜处，给予吸氧。

（2）用大量清水冲洗皮肤，或用3%碳酸氢钠溶液冲洗眼睑漱口，以中和亚硫酸及硫酸。

（3）液体二氧化硫溅入眼内，必须迅速以大量生理盐水或清水冲洗，再滴入地塞米松和抗生素液，或涂可的松、金霉素眼膏。

二氧化硫中毒的预防：

（1）定期检查设备、管道，保证密闭，防止出现跑、冒、滴、漏。

（2）合理安排排气、通气设备。

（3）生产废气应进行处理，防止污染。

（4）必要时使用防毒面具。

3）氨

氨为无色气体，有强烈的刺激性臭味，易溶于水，其水溶液称为氨水，呈碱性。氨气遇热及明火时可燃烧。比空气轻，其相对密度为0.597。

氨进入人体的途径主要为吸入、接触。氨气被吸入后导致上呼吸道黏膜受刺激及损伤、眼睑浮肿、咳嗽、呼吸困难、呕吐角膜溃疡。与人体潮湿部位的水分作用生成的高浓度氨水，可导致皮肤的碱性灼伤。浓氨水溅到眼睛中可导致失明。长期反复接触低浓度的氨，可引起鼻、咽、支气管的慢性炎症及发生哮喘。

作业人员发生氨中毒后，应采取如下急救措施：

（1）吸入者应迅速脱离现场，移至空气新鲜处，维持呼吸功能，卧床静息。

（2）及时送医治疗，保持呼吸道通畅，观察血气分析及胸部X片变化，对症治疗。防治肺水肿、喉痉挛、水肿或支气管黏膜脱落造成窒息，合理氧疗。

（3）误服者忌饮牛奶，忌洗胃，送医并对症处理。

（4）眼污染后立即用流动清水或凉开水冲洗至少10min。

（5）皮肤污染时立即脱去污染的衣着，用流动清水冲洗至少30min。

氨中毒预防措施：

（1）采用密闭装置，定期检修，防止漏气。

（2）保证工作环境通风良好。

（3）使用防毒面具，或30%硫酸锌溶液浸过的纱布口罩。

4）氮气

氮气为常温常压下为无色无味的气体。空气中的氮占78%～80%，难溶于水。

当空气中氮含量增加（＞84%）时，可排除空气中的氧，引起人体吸入氧不足，呼吸不畅，有窒息感。高浓度氮（＞90%）可起头痛、恶心、呕吐、胸部紧束感、胸痛、紫绀等缺氧症状。严重时，迅速昏迷，呼吸、心跳停止。

氮所造成的危害大致有两种：一种是因急性缺氧所致的氮窒息，另一种是潜涵作业所致的减压病。

氮气中毒的预防：

（1）对设备管道、容器等定期维修，杜绝氮气跑、冒、滴、漏。

（2）氮气置换后的设备容器应先经充分地通风、排风，测定氧含量在20%以上时，方可进行检修。

（3）急需进行检修时须戴供氧式面具，并应有人在现场监护。

（4）生产液氮时，应戴防护手套和眼镜。

5）硫化氢

硫化氢为可燃性无色气体，具有典型的臭鸡蛋味，比空气重，相对密度为1.19，易溶于水、呈酸性，能与多种金属反应，会严重腐蚀金属，以致造成容器、管道的泄漏。

含硫石油、天然气的开发、提炼时会有硫化氢产生，井喷时喷出的地下气体中可能有大量硫化氢的出现，矿泉水和火山喷发中也时有硫化氢存在。另外，开挖和整治沼泽、沟渠、下水道、隧道及清理垃圾、污物、粪便时也可以有硫化氢的产生。由于硫化氢易溶于水和油类，有时可随水和油类流至远离发生源处，而引起意外中毒事故。

硫化氢是易燃气体，燃烧时呈蓝色火焰并产生二氧化硫，后者有特殊气味和强烈刺激性。硫化氢与空气混合达到4.3%～46%遇火可以引起强烈爆炸。由于硫化氢比空气重，可以积聚在地面、沟渠、厂房死角处长时间不散，遇火即燃烧或爆炸。

不同浓度硫化氢对人体的影响见表4-6。

表4-6 不同浓度硫化氢对人体的影响

浓度 mg/m^3	接触时间	生理影响及危害
1500～2250	立刻	在数分钟内死亡，除非立即人工呼吸急救。于此浓度时嗅觉立即疲劳，其毒性与氰氢酸相似
1500	立刻	引起呼吸道麻痹，有生命危险
900	30	很快引起致命性中毒，出现明显的全身症状。开始呼吸加快，接着呼吸麻痹而死亡

续表

浓度 mg/m³	接触时间	生理影响及危害
525～600	1～4h	在这个时间内有生命危险
375～525	4～8h	在这个时间内有生命危险
300～450	1h	暴露1h会引起亚急性中毒
300		暴露时间长则有中毒症状
150～300		嗅觉在15min内麻痹
75～150		刺激呼吸道
35～45		强烈刺激黏膜
15		刺激眼睛
7.5		有不快感
5.0		有强烈臭味
0.5		感到明显臭味
0.04		感到臭味

硫化氢中毒临床表现包括：

（1）刺激反应。有眼刺痛、畏光、流泪、流涕、咽喉部烧灼感等症状，脱离接触很快恢复。

（2）轻度中毒。有眼刺痛、畏光、流泪、眼睑浮肿、眼结膜充血、水肿，以及角膜上皮混浊等急性角膜结膜炎表现，有咳嗽、胸闷、肺部可闻及干性、湿性啰音，X线胸片可显示肺纹理增强等急性支气管周围炎症表现，会伴有头痛、头晕、恶心、呕吐等症状。

（3）中度中毒。有明显的头痛、头晕并出现轻度意识障碍，有咳嗽、胸闷、肺部闻及干性、湿性啰音，X线胸片显示两肺纹理模糊，有广泛的网状阴影或散开的细粒状阴影，肺叶透亮度降低或出现片状密度增高阴影，显示间质性肺水肿或支气管肺炎。

（4）重度中毒。表现为昏迷、肺泡性肺水肿、心肌炎、呼吸循环衰竭或猝死。

硫化氢中毒的急救：

（1）立即将患者撤离现场，移至新鲜空气处，解开衣扣，保持其呼吸道的通畅。有条件的还应给予氧气吸入。

（2）有眼部损伤者应尽快用清水反复冲洗，给予抗生素眼药水滴眼，每日数次至炎症好转。

（3）对呼吸停止者应立即进行人工呼吸，对休克者应让其取平卧位，头稍低，对昏迷者应及时清除口腔内异物，保持呼吸道通畅。

预防硫化氢中毒采取以下安全防护措施。

（1）对硫化氢进行监测：

①钻井过程：

——钻井过程中，钻到含硫油气层前，应充分做好硫化氢监测和防护的准备工作。

——钻井过程中的硫化氢监测按《硫化氢环境钻井场所作业安全规范》（SY/T 5087—2017）的规定执行。

——钻井现场应配备固定式硫化氢监测仪，并且至少应配备5台携带式硫化氢监测仪。

——其他专业现场作业队也应配备一定数量的携带式硫化氢监测仪。

②试油、修井及井下作业过程：

——试油、修井及井下作业过程中的硫化氢监测根据作业情况按《硫化氢环境钻井场所作业安全规范》(SY/T 5087—2017)的规定执行。

——试油、修井及井下作业过程至少应配备4台携带式硫化氢监测仪。

③ 集输站：

——集输站中的硫化氢监测应采取固定式与携带式硫化氢监测仪结合使用的方式。

——在各单井进站的高压区、油气取样区、排污放空区、油水罐区等易泄漏硫化氢区域应设置醒目的标志，并设置固定探头，在探头附近同时设置报警喇叭。

——作业人员巡检时应佩戴携带式硫化氢监测仪，进入上述区域应注意是否有报警信号。

——固定式多点硫化氢监测仪放置于仪表间，探头信号通过电缆送到仪表间，报警信号通过电缆从仪表间传送到危险区域。

④ 天然气净化厂：

天然气净化厂硫化氢监测点应设置在脱硫、再生、硫回收、放空排污等区域，监测方法按③的规定执行。

⑤ 水处理站。油气田水处理站及回注站中硫化氢的监测按③的规定执行。

（2）安全防护设备的需求包括：

① 正压式空气呼吸装置。在硫化氢浓度较高或浓度不清的环境中作业，均应采用正压式空气呼吸器。

② 正压供气系统。在含硫环境中采用正压供气系统时，供气系统的空气压力为0.5~0.7mbar，供气量按每人不小于50L/min计算。与供气系统配套使用的是可外接供气系统的正压式空气呼吸装

置，或者是带快速接头的防毒面具。供气系统应设置报警装置。

③ 空气质量。空气呼吸器和正压供气系统的气质应符合表4-7的规定。

表4-7 空气呼吸器和正压供气系统出气气质

氧气含量 %	一氧化碳含量 mg/m³	二氧化碳含量 mg/m³	油分含量 mg/m³
19.5～23.5	<15	<1500	<7.5

（3）在含硫化氢环境中作业应采用以下安全防护措施：

① 根据不同作业环境配备相应的硫化氢监测仪及防护装置并落实人员管理，使硫化氢监测仪及防护装置处于备用状态。

② 作业环境应设立风向标。

③ 供气装置的空气压缩机应置于上风侧。

④ 重点监测区应设置醒目的标志、硫化氢监测探头、报警器及排风扇。

⑤ 进行检修和抢险作业时，应携带硫化氢监测仪和正压式空气呼吸器。

⑥ 当浓度达到15mg/m³预警时，作业人员应检查泄漏点，准备防护用具，迅速打开排风扇，实施应急程序；当浓度达到30mg/m³报警时，迅速打开排风扇，疏散下风向人员，作业人员应戴上防护用具，进入紧急状态，立即实施应急方案。

（4）在不同环境下的安全防护措施：

① 钻井过程：

——钻井过程中，打开含硫化氢油气层时，作业人员应配备好正压式空气呼吸器，以及与空气呼吸器气瓶压力相应的空气压缩机，呼吸器和压缩机应落实人员管理。

——钻井队生产班每人配备一套正压式空气呼吸器，另配一定数量的公用正压式空气呼吸器。

——其他专业现场作业队也应每人配备一套正压式空气呼吸器，井场应配备一定数量的备用空气钢瓶并充满压缩空气，以作快速充气用。

——有关钻井过程中的安全操作按《硫化氢环境钻井场所作业安全规范》（SY/T 5087—2017）的规定执行。

② 试油、修井及井下作业过程中，应配备正压式空气呼吸器，以及与空气呼吸器气瓶压力相应的空气压缩机。井场应配备一定数量的备用空气瓶并充满压缩空气，有关事项应参照《硫化氢环境井下作业场所作业安全规范》（SY/T 6610—2017）的规定执行。

③ 集输站应配备足够数量的正压式空气呼吸器，以及与空气呼吸器瓶压力相应的空气压缩机，应落实人员管理。作业人员进入有硫化氢泄漏的油气站区、低凹区、污水区及其他硫化氢易于积聚的区域时，应按《硫化氢环境天然气采集与处理安全规范》（SY/T 6137—2017）的规定佩戴正压式空气呼吸器。

④ 作业人员进入天然气净化厂的脱硫、再生、硫回收、排污放空区域检修和抢险时，应按《硫化氢环境天然气采集与处理安全规范》（SY/T 6137—2017）的规定佩戴正压式空气呼吸器。

⑤ 油气田水处理站及回注站中作业人员的人身安全防护按④的规定执行，并应符合《硫化氢环境天然气采集与处理安全规范》（SY/T 6137—2017）的规定。

6）一氧化碳

一氧化碳为无色、无臭、无刺激性气体，其相对密度为0.968，比空气轻。燃烧时呈蓝色火焰，与空气混合极易发生爆炸，如与明火接触则很危险。

石油生产作业活动常有碳的燃烧。含碳物质（如天然气、原油、成品油、煤和煤气等）燃烧不完全便产生一氧化碳（CO），所以，一氧化碳是石油作业人员接触最广泛的一种毒气。

一氧化碳进入人体的主要途径为口腔吸入。

一氧化碳由呼吸道进入肺泡，在肺泡中通过气体交换而进血液循环系统，与血液中的血红蛋白结合。由于它与血红蛋白的结合能力比氧同血红蛋白的结合能力大200～300倍，使血红蛋白减弱或失去携氧并向人体组织细胞供氧的能力，导致慢性或急性中毒。

急性中毒开始时会出现头重、头痛、眩晕、耳鸣，继而出现恶心、呕吐、昏迷，严重者窒息致死。

一氧化碳中毒的急救：

（1）将患者迅速移至空气新鲜、通风良好处，脱离中毒现场后须注意保暖。对呼吸困难者，应立即进行人工呼吸并迅速送医院进行进一步的检查和抢救。

（2）有条件者应立即给中度和重度中毒患者吸入高浓度氧。必要时应进行高压氧舱治疗，对重度病人见效快，副作用少，为首选急救手段。

（3）到医院后可注射呼吸兴奋剂，进行输血、换血，以迅速改善组织缺氧。有脑水肿者可应用脱水剂（20%甘露醇、50%葡萄糖及地塞米松等静脉滴注）。对于发生休克、酸中毒、电解质平衡失调者均应妥善处理，及早应用抗菌素，以防肺部感染。

一氧化碳中毒的预防：

（1）经常对生产设备进行维护和检修，防止漏气。

（2）加强自然通风和局部通风。

（3）进入高浓度作业区，先测定一氧化碳的浓度，并进行通风、排风。

（4）抢修设备故障时，应佩戴好防毒面具，且无冒险作业。

7）苯

在石油工业中用得较多的有机溶剂是苯（C_6H_6），其毒性较大，多用于岩心抽提。苯、甲苯、二甲苯均为无色透明液体，具有特殊的芳香气味，难溶于水，可溶于乙醇、甲醚，易挥发，易燃。苯中毒的表现见表4-8。

表4-8 苯中毒的表现

急性苯中毒的表现	慢性苯中毒的表现
轻度中毒：表现为乏力、头痛、头晕、咽干、咳嗽、恶心、呕吐、视力模糊、步态不稳、幻觉等	神经系统：神经衰弱综合征，主要有头痛、头晕、记忆力减退、失眠、乏力
中度中毒：表现为眩晕、酒醉状、嗜睡、意识障碍、手足麻木、步态蹒跚，甚至昏倒	造血系统：慢性中毒可导致造血系统的异常表现，其主要特征是以白细胞减少最常见，白细胞数低于4.0×10^9/L。血小板降低，皮下黏膜有出血倾向。中毒晚期可出现再生障碍性贫血
重度中毒：意识丧失，血压下降，瞳孔散大，全身肌肉痉挛或抽搐，可因呼吸麻痹而死亡。极高浓度苯蒸气，可使人短时间内"闪电式"死亡	局部作用：经常接触苯，皮肤可因脱脂而变得干燥，眼、唇皲裂，有的可发生过敏性湿疹

苯中毒的急救措施：

（1）应立即将患者移到空气新鲜处，迅速脱离现场，换去被污染的衣服，及时清洗被污染的皮肤（液态苯可经皮肤被机体吸收）。

（2）给予吸氧，并及时转运到医院进行解毒及有关的抢救措施。呼吸停止时，立即进行人工呼吸。

苯中毒的预防措施：

（1）加强通风排毒和个人防护，定期测定苯的浓度。

（2）经常对生产设备进行维护和检修，防止跑、冒、滴、漏。

（3）用无毒或低毒物质代替苯。

（4）改革工艺，减少接触，如采用电喷漆。

（5）急需进入现场检查时，须使用正压式空气呼吸器，并应有人在现场监护。

（6）进入可能存在的苯场所，必须遵守操作规程，佩戴防毒面具。各种血液病、严重的全身性皮肤病、月经过多或功能性子宫出血者不能从事苯作业。

8）二硫化碳

二硫化碳（CS_2）是一种易挥发、无色的液体，工业品呈黄色、有坏萝卜气味，几乎不溶于水，溶于乙醇、苯、氯仿等有机溶剂。

吸入二硫化碳蒸气，轻者呈醉酒样，可有眩晕、头痛、恶心、步态蹒跚、四肢软弱、感觉异常及精神症状，重者先呈极度兴奋状态，以后出现谵妄、痉挛性震颤、体温下降，甚至昏迷、死亡。

液态二硫化碳或高浓度蒸气溅入眼睛，可引起充血、水肿出现流泪、畏光等症状。溅洒到皮肤上可引起剧痛、充血、红斑或大疱形成。

二硫化碳慢性中毒以中毒性多发性神经炎较多见，早期表现为感觉障碍、四肢麻木、肌张力减退及肌肉疼痛，病人有"手套"或"袜套"型感觉障碍。

二硫化碳中毒的预防措施：

（1）用无毒或低毒物质代替二硫化碳作溶剂。

（2）改革工艺，实施密闭化生产，隔离式操作。

（3）加强个人防护，作业人员有工作服、胶鞋和胶皮手套，检修或清理管道、贮罐时佩戴防毒面具。

9）汽油

汽油是一种无色的，具有特殊臭味、易挥发、易燃的液体并含少量芳香烃和硫化物。具有强烈的挥发性，并且易溶于脂肪。在工业生产中常作溶剂，被广泛用于橡胶、油漆、染料、印刷、制药等行业。

在生产环境中主要是以蒸气的形式经呼吸道吸入人体，通过血液循环到人的大脑，引起麻醉作用，并对中枢神经系统及末梢神经产生毒害作用，对骨髓造血机能也产生不良影响。此外，汽油对呼吸道黏膜具有刺激作用，也可经皮肤吸收进入体内，并对皮肤有去脂作用，经常接触汽油，很容易引起皮肤干裂、角化和慢性皮炎。用嘴吸汽油又容易引起急性肺炎。汽油中毒表现见表4-9。

表4-9 汽油中毒的表现

急性中毒	慢性中毒
表现为麻醉症状，精神恍惚，步态不稳，并伴有头晕、恶心、呕吐、结膜充血、咳嗽等。	表现为中枢及自主神经功能紊乱，头晕、头痛、失眠、多梦、乏力、记忆力减退等神经衰弱综合征。
吸入高浓度汽油后，可很快出现昏迷、抽搐、肌肉痉挛、瞳孔散大，对光反射迟钝或消失。	出现肌无力、震颤、手足麻木，血压忽高忽低，兴奋和抑制无规律性地出现等症状。
严重病例可留有癫痫病、视神经炎、多发性神经炎等后遗症。	妇女对汽油敏感，除上述神经系统症状外，还可出现月经异常、周期紊乱等症状

汽油中毒的预防措施：

（1）用无毒或低毒物质代替汽油。

（2）加强通风排毒和个人防护。

（3）进入可能存在汽油的场所，必须遵守操作规程，佩戴防毒面具。

五

常见疾病

（一）心绞痛识别及处置

1. 什么是心绞痛

心绞痛是急性、暂时性心肌缺血、缺氧所引起的症状之一。其特点是阵发性左前胸压榨感、闷胀感，伴随明显的焦虑，向左肩部、左上肢、咽喉部、背部放射，多数持续数秒或 1~5min，一般不超过 15min。

因各种运动、劳累、情绪激动、饱餐、阴雨寒冷天气、睡眠不足、烟酒刺激等诱发。

2. 主要症状

（1）疼痛部位以胸骨后最常见，也可见于心前区，可以向咽、下颌、肩、上肢、背、上腹部放射。

（2）典型表现为胸骨后的紧缩或压榨样感觉，不典型者表现为烧灼样感觉、钝痛或气急等。

（3）阵发性发作由轻到重，常持续 3~5min，一般不超过 15min。

3. 急救方法

（1）第一步：发作时，立即停止活动，消除引起发作的诱因。

（2）第二步：经休息不能缓解者，可服用硝酸甘油。硝酸甘油，首次给1片，舌下含服；必要时隔5min再含服1片。

如无硝酸甘油，也可应用硝酸异山梨酯（消心痛）5~10mg，舌下含服；也可选用冠心苏合丸、速效救心丸、麝香保心丸等替代。

（3）第三步：拨打120，及早将患者送到医院诊治，以免延误病情。

4. 预防措施

（1）调整饮食：注意均衡营养，减少高胆固醇、高脂高盐食物摄入。

（2）戒烟限酒，控制体重。

（3）定期运动：适当进行跑步、游泳等有氧运动，增强心脏和血管的健康。

（4）控制血脂：高胆固醇、高血脂可增加心脏病风险，引发心绞痛，必要时在医生指导下服用降脂药物，控制血脂水平。

（二）急性心肌梗塞识别及处置

1. 急性心肌梗塞是什么

急性心肌梗塞简称"心梗"，是人体心脏冠状动脉急性、持续性缺血缺氧所引起的心肌坏死。一旦发生急性心梗，便是时间与生命的较量，它往往来势汹汹，黄金救治时间只有120min，极易导致猝死。因此，对于心梗早期识别尤为重要，对于这种灾难性疾病来临前的信号要格外注意。

2. 常见症状

心前区不适：

（1）劳力性心绞痛，上楼、快步行走、从事体力劳动等劳累的情况下引发的心绞痛，称为劳力性心绞痛。约半数以上的患者，最突出的表现为新发心绞痛或原有心绞痛加重。心绞痛发作较以往频繁、程度较重、时间延长，或硝酸甘油效果变差。

（2）自发性心绞痛，安静状态或夜间睡眠时出现心绞痛，且疼痛持续时间长，程度较重，服用硝酸甘油不易缓解。

（3）胸痛伴恶心、呕吐、大汗或心动过缓。

（4）胸闷、憋气、胸部闷痛或闷压等不适要格外注意。而既往冠心病患者若突然出现心悸、气急、咳嗽、大汗淋漓、晕厥等症状时，应警惕急性心梗的可能。

其他部位不适：

（1）上腹部不适、疼痛，这种上腹部不适可能是沉重感，而不是尖锐的疼痛，可不伴胸痛，常伴有呕吐，而腹部无压痛点、无腹泻，应警惕急性心梗的发生。

（2）与劳累有关的其他部位疼痛，患者出现咽喉紧缩疼痛、牙痛、下颌痛、左肩臂痛、后背痛等情况，并且疼痛与劳累、激动等有关，需要格外重视。

（3）疲劳、难以形容的不适感，患者疲劳感明显，即使休息时仍感觉很累。有的患者描述为虚弱感，头晕，伴或不伴晕厥；有些感到焦虑或恐慌，出现此类情况时需要特别关注。

3. 急救处置

（1）立即拨打120寻求专业帮助。

（2）在等待120过程中，要立即让患者嚼服300mg的阿司匹林。同时服用300～600mg的氯吡格雷或者180mg的替格瑞洛。

（3）同时要将患者放置平卧位，然后测量血压和心率，如果血压不低于100/60mmHg，没有出现头晕、肢体活动障碍、意识障碍等低血压的表现，可以给予舌下含服硝酸甘油。

（4）如患者心脏突然停止跳动，应立即进行高质量心肺复苏，等待120救援。

（三）脑卒中识别及处置

1. 脑卒中是什么

脑卒中又称中风，是由于脑局部血液循环障碍所导致的神经功能缺损综合征，是引起中老年人死亡和残疾的主要原因之一。

2. 常见症状

（1）突发一侧面部或上下肢麻木。

（2）突发意识错乱，说话或理解困难。

（3）突发单眼或双眼视物困难。

（4）突发行走困难，眩晕，失去平衡能力。

（5）突发不明原因的严重头痛，呕吐。

（6）意识不清，抽搐征。

脑卒中的识别方法见图5-1。

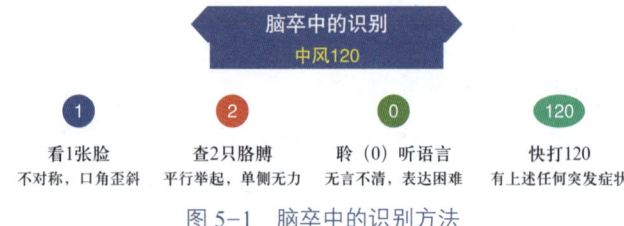

图 5-1　脑卒中的识别方法

3. 应急救护原则

（1）能够识别脑卒中的早起迹象，及时呼救紧急医疗服务。

（2）安置舒适位置（半卧位或前倾位），要求患者不要活动，如出现呕吐头偏向一侧，防止误吸或气道堵塞，尽量减少不必要搬动。

（3）保持通风，有条件可予吸氧。

（4）观察生命体征，尤其意识和呼吸，如出现心跳呼吸停止，应立即心肺复苏。

（5）暂时禁食禁水。

（四）癫痫注意事项及处置

1. 什么是癫痫

癫痫即俗称的"羊角风"或"羊癫风"，是大脑神经元突发性异常放电，导致短暂的大脑功能障碍的一种慢性疾病。

2. 急救处置

（1）将患者放平，头偏向一侧，去除假牙，松开衣领及腰带，保证呼吸通畅，避免向口内塞任何物品。如患者牙关紧闭不要强行撬开，以免给患者造成伤害。

（2）患者发生抽搐时，不要用力按压强行制止，癫痫发作后陷入昏迷时，不要搬动患者，任其适当休息，要保证其呼吸顺畅（清除口鼻腔内分泌物）。

（3）保护好患者，防止因周围环境对其产生额外的伤害，如摔伤等。

（4）患者癫痫发作要在第一时间拨打120急救电话。

3. 注意事项

患者应遵医嘱服用抗癫痫药物，并在外出时随身携带"癫痫治疗卡"和应急药物，以方便急救与联系。

避免暴饮暴食，保证充足睡眠，避免看一些刺激听觉、视觉等感官的恐怖场面；避免参加长跑、足球、篮球等体力消耗较大的运动。

由于患者发作过程记忆丧失，听到身边人讲述其发作过程时容易感到惊慌、恐惧等，建议家属主动关心病人，劝导其对疾病正确认识，帮助消除恐惧心。

（五）肺结节识别及处置

1. 肺结节的定义

肺结节：在影像学上直径≤3cm的局灶性、类圆形、密度增高的实性或亚实性肺部阴影。可为孤立或多发，不伴有肺不张、肺门淋巴结肿大和胸腔积液。一般无临床症状。

2. 肺结节的临床表现

（1）多数为无意中检查时或体检时发现，没有临床症状。

（2）胸闷或咳嗽不适去检查发现肺结节，症状也并非一定由该结节引起。

（3）比较大的肺实性结节也不排除可能会稍有症状，比如咳嗽等。

（4）恶性程度高的小细胞癌，伴有转移时则会有相应的症状。

（5）缺乏特异性，实际上小于3cm的肺内结节多数仍是体检发现的。

3. 肺结节形成的原因

（1）三霾：雾霾、烟霾、阴霾。

（2）五气：大气污染、烟气污染、厨房油烟气污染、室内装修气体污染、生闷气。

4. 肺结节的诊治

（1）≤8mm的结节按时随访，有危险因素的，缩短随访时间，随访两年稳定后常规随访。

（2）8～30mm的肺结节，到权威的医院或找有经验医生就诊，或请专家会诊、多学科会诊（MDT）。最好能拿到病理学检查结果，再决定是随访，还是手术。

（3）5～10mm多发纯磨玻璃结节：3个月再随访，无变化者至少3年内每年1～2次CT随访。如病灶变化，调整随访周期，如结节增多、增大，应排除恶性结节。

（4）>10个弥漫性结节，有可能是转移瘤、活动性感染，原发性肺癌的可能性相对较小。PET-CT扫描有助于鉴别转移性肺癌。

（5）多发肺结节遵循先"主"后"次"的原则，即先处理主病灶，再处理次病灶。主病灶依据最大病灶来确定，但有时也用高度怀疑恶性的病灶来确定。

5. 肺结节的预防

（1）戒烟：烟雾中含有致癌物，减少对自己和对周围及亲人造成的伤害。

（2）减少接触雾霾：减少雾霾天外出或活动，外出最好戴上口罩。

（3）保持心情舒畅：避免熬夜，放松心情。

（4）适当体育锻炼：适当运动，提高机体的免疫力。

（5）做好自身保健：避免受凉，加强体育锻炼。

（六）胃溃疡识别及处置

1. 胃溃疡的表现

胃镜下表现：溃疡呈圆形、椭圆形，边缘光整，底部平坦、由肉芽组织构成、覆灰白色或灰黄色纤维渗出物，周围黏膜炎症水肿；溃疡愈合时周围黏膜炎症水肿消退，肉芽组织纤维化，变为瘢痕。直径大多小于1.0cm。

2. 胃溃疡的症状

（1）上腹部疼痛为主要症状，典型患者有三大特点：

① 慢性病程。

② 周期性发作。

③ 节律性疼痛：DU，空腹痛（饥饿痛）、夜间痛；GU，餐后痛。

（2）其他症状：上腹饱胀、纳差、反酸、嗳气。

（3）体征：发作期上腹部有局限性固定的压痛点，压痛点常符合溃疡的部位。

3. 治疗与处置

（1）药物治疗：抑制胃酸分泌。

（2）质子泵抑制剂（PPI）：抑酸作用更强、更持久，有抗 HP 作用，不良反应少。

（3）良好的生活饮食习惯。

（七）失眠症识别与处置

1. 睡眠现状

人的一生中有三分之一的时间必须花在睡眠上，五天不睡有可能导致猝死。

睡眠作为生命所必需的过程，是机体复原、整合和巩固记忆的重要环节，是健康不可缺少的组成部分，合理的睡眠应该是每晚 7～9h，这是对睡眠质量的保证。

据世界卫生组织调查，27% 的人有睡眠问题。全世界每 4 个人中就有 1 个人患有或轻或重的失眠症。

2. 失眠可能引发的后果

（1）在睡眠中猝死。

（2）开车睡着导致交通事故。

（3）"紫面人"。

3. 睡眠监测与治疗

多导睡眠监测是诊断睡眠障碍相关疾病的金标准。多导睡眠监测是通过电脑、显示器、视频、头盒、脑电电极、眼动电极、下颌肌电电极、心电电极、胸腹运动传感器、鼾声传感器、口鼻气流传感器、热敏传感器及血氧饱和度传感器等设备进行记录的。

（八）热射病识别及处置

1. 什么是热射病

热射病即重症中暑，是由于暴露在高温高湿环境中机体体温调节功能失衡，产热大于散热，导致核心温度迅速升高，超过40℃，伴有皮肤灼热、意识障碍（如谵妄、惊厥、昏迷）及多器官功能障碍的严重急性热致疾病，是中暑最严重的类型。

2. 热射病临床表现

（1）中枢神经系统功能障碍表现（如昏迷、抽搐、谵妄、行为异常等）。

（2）核心温度超过40℃。

（3）多器官（≥2个）功能损伤表现（肝脏、肾脏、横纹肌、胃肠等）。

（4）严重凝血功能障碍或弥散性血管功能障碍（DIC）。

3. 热射病的处置

（1）立即脱离热环境：迅速将患者移至通风、阴凉处平卧，头偏向一侧，解开衣领扣、腰带，脱去外衣以利于呼吸和散热，有条件可送至有电风扇或空调的房间。

（2）快速测量体温：测量核心温度（以直肠温度为最佳）。

（3）积极有效降温：采用水浴或冰水擦浴，有条件时可以使用电子冰毯、冰帽，不提倡药物降温。

（4）快速液体复苏：给予静脉输注0.9%生理盐水或林格氏液。在现场第1小时输液量为30mL/kg或总量1500~2000mL，根据患者反应（如血压、脉搏和尿量等）调整输液速度，维持患者尿量为100~200mL/h，同时避免液体过负荷。应避免早期大量输注葡萄糖注射液，以免导致血钠在短时间内快速下降，加重神经损伤。

（5）气道保护与氧疗：应将昏迷患者头偏向一侧，保持其呼吸道通畅。对于意识不清的患者，禁止喂水。对于大多数需要气道保护的热射病患者，应尽早留置气管插管；若现场无插管条件，应先用手法维持气道开放或置入口咽/鼻咽通气道，尽快呼叫救援团队。

（6）控制抽搐：躁动不安的患者可静脉注射地西泮10~20mg，在2~3min内推完，如静脉注射困难也可立即肌内注射。首次用药后如抽搐不能控制，则在20min后再静脉注射10mg，24h总量不超过50mg。抽搐控制不理想时，可在地西泮的基础上加用苯巴比妥5~8mg/kg，肌内注射。

（九）流感识别及处置

1. 什么是流感

流感是由流感病毒（甲型和乙型流感病毒）感染引起的急性呼吸道传染病，主要通过近距离呼吸道飞沫传播，也可以通过口腔、鼻腔、眼睛等黏膜直接或间接接触传播，在人群聚集的场所发生聚集性疫情。

2. 流感为什么好发于秋冬季节

秋冬季节，气温下降，大家在室内停留时间长，与可能携带病毒的人更近距离地接触，感染机会大。另外，得了流感后，咳嗽或打喷嚏时，会从鼻子和嘴巴喷出许多微粒，在干燥的空气中，这些微粒会分解成更小的微粒，在空中飘浮很长时间，更容易被吸入呼吸道从而致病。因此，秋冬季是流感高发季，大家要做好防护。

3. 流感和普通感冒的区别

（1）发病季节：流感一般在11月到第二年的1月发病，普通感冒则是在一年中的任何季节都可能发病。

（2）临床表现：流感多有明显的传染症状，尤其是接触流感患者后发病，临床表现相对比较严重，如持续发热、全身疼痛、精神萎靡、四肢无力、食欲减退等，并且流感容易导致肺炎、病毒性心肌炎等并发症。而普通感冒的临床表现相对较轻，一般会只有鼻塞、流涕、咽痛、咳嗽等表现，很少出现高热、全身疼痛、四肢无力等表现，也很少出现并发症。

（3）实验室检查：流感的实验室检查可以发现流感病毒，而普通感冒不能检查出流感病毒。

（4）治疗：流感治疗以使用特异性抗病毒药为主，而普通感冒以对症治疗为主。

4. 流感的治疗

（1）使用抗病毒药物：奥司他韦、扎那米韦。

（2）接种流感疫苗是最有效方法之一，可以显著降低接种者罹患流感和发生严重并发症的风险。

5. 流感预防措施

（1）积极倡导健康生活方式，保持充足的睡眠、充分的营养、适当的体育锻炼。

（2）保持家庭和工作场所的环境清洁和良好的通风状态，打扫居室、开窗通风。

（3）勤洗手对于预防流感一类的呼吸道传染病是非常重要的习惯，尤其是在咳嗽、打喷嚏之后，在就餐前或者接触污染的环境之后，要注意勤洗手。

六

石油员工现场急救

（一）CPR（心肺复苏术）

1. 胸外按压

（1）施救者的位置要求：

① 与患者胸部平齐的左侧或右侧。

② 方便进行胸外按压及人工呼吸。

（2）按压的方式和位置：

① 将一只手的掌跟放在患者胸部的中央（胸骨中下部）。

② 将另一只手的掌跟放在第一只手上面，两手平行重叠。

（3）施救要点为"用力、快速、无间断"地进行按压：

① 深度：按压的深度每次至少5～6cm。

② 速率：每分钟至少100～120次。

③ 每次按压后，确保胸壁完全回弹。不完全回弹将减少由胸外按压产生的血流。

2. 口对口吹气

口对口吹气是一种徒手人工呼吸的方法，如口腔、颌面部损伤严重，不能口对口吹气时，托起下颌，使嘴闭合，口对鼻吹气。吹气时间持续1s，吹气时，见到患者胸部起伏即可。

3. 无间断进行CPR（心肺复苏）

胸外按压（30次）+ 人工呼吸（2次），什么时候停止胸外按压和人工呼吸？

（1）患者转动，发出声音或者恢复正常呼吸。

（2）AED到达，将AED的除颤电极片贴到患者身上。

（3）将患者交给专业急救人员。

在这期间"无间断胸外按压及人工呼吸"不能停。

4. CPR流程

（1）确认患者是否失去知觉：拍患者肩膀、疼痛刺激，并在耳边呼唤："喂！你怎么了？！"

（2）大声呼救："有人倒下了！快打120叫救护车！快把AED拿来！"

（3）确认呼吸：观察患者胸腹部起伏（10s以内）有无正常的呼吸。

注：濒死期呼吸一般为非正常呼吸。

（4）30次胸外按压+2次人工呼吸就是一个循环周期，需要一直持续到患者知觉恢复、开始正常呼吸，AED电极片黏贴合适或移交给医务人员。

（二）气道异物的现场急救

当异物误入气道的时候，会发生不完全性或完全性气道阻塞，严重时会导致死亡。抢救方法如下：

（1）上腹部猛压椅背，或用力咳嗽。

（2）拍背法，让病人弯下腰，然后拍打病人的背部。

（3）腹部手拳头冲击法（海姆利克法）。

（三）脑溢血的现场急救

脑溢血由脑内血管破裂所致，可比喻为脑内的一次"地震"，发病急、病情重，应初步采取以下急救措施：

（1）病人取平卧位，头偏一侧，松开衣领，清除口腔内分泌物或呕吐物，将冷水毛巾或冰袋置于病人前额。

（2）在搬运病人时取水平位，动作要轻，严禁拍打、围抱、合抱病人。

（四）冠心病人发作的现场急救

冠心病人发作时常常伴有心绞痛等症状，该怎么办？

病人应绝对卧床或取自感舒适的体位，保持安静，口含硝酸甘油片或麝香保心丸，同时吸氧。在随行医生的指导下才能搬运病人。

（五）高空坠落的现场急救

高空坠落时可能造成脊柱损伤，甚至造成瘫痪，该怎么办呢？

（1）保护伤者取平卧位，应3～4人同时搬运，保护伤者头颈、胸、腰椎。

（2）严禁搬头搬脚，防止加重伤害。

（六）车祸现场的急救

（1）在呼救的同时，打开已经变形的车门。

（2）固定伤员的颈部。

（3）注意让伤员平卧，固定在木板上搬运。

（七）电击伤的现场急救

遇到电击事故时：

（1）第一步：关闭电源。

（2）第二步：用绝缘体（木棒、竹竿等）挑开电源。

（3）第三步：将病人移至空气新鲜处，解开衣领、裤带，打开气道，注意保暖。

（4）第四步：若心脏骤停，应立即进行心肺复苏。电击伤口处用消毒纱布覆盖创面，血管破损处应立即止血。

（八）煤气中毒的现场急救

煤气（一氧化碳）逸出造成中毒时，应采取以下的急救措施：

（1）迅速打开门窗。

（2）可以用湿毛巾捂住口鼻，匍匐爬出现场，呼吸新鲜空气。

（3）严重中毒者，应在现场急救后由救护车直接送往具有高压氧舱的医院。

（九）化学品灼伤的现场急救

如果化学物品进入眼内或手臂灼伤，请即刻用清水冲洗15～30min。

（十）溺水的现场急救

（1）急救者可用仰泳、侧泳或其他方式将病人抱上岸。

（2）倒出病人胃和气道内的积水。

（3）病人心跳、呼吸停止时，要进行现场心肺复苏。

（十一）刀伤和创伤的现场

急救如果遇到刀伤和创伤意外，该怎么急救呢？

（1）刀刺入体内，严禁拔出；应在刀跟的周围用消毒纱布垫压；用纱布包绕伤口四周，胶布贴牢。

（2）头部创伤出血后的急救：用消毒纱布压迫伤口，控制出血；然后用绷带敷裹。

（十二）肢体断离的现场急救

遇到断离肢体的事故时，不要惊慌，按以下方法急救：

（1）先用消毒纱布包裹断离肢体。

（2）再将断离肢体放入干净塑料袋，封口后放入冰水或者存冰块的保暖杯中。

（3）病人残端包扎好后与断离肢体一起送入医院急救。

（十三）腹部外伤的现场急救

腹部外伤肠子从腹腔脱出，怎么办？

用尖刀剪刀将伤口附近的衣服剪开。用清洁的塑料袋或者清洁的碗覆盖在上面，再用清洁的纱布盖上，胶布固定。

（十四）下肢骨折的现场急救

用绷带将患肢固定在夹板上；将已折叠的毯子放在腿下，再将患肢和健侧一起捆绑。

（十五）昏迷病人的现场急救

昏迷时，病人的舌根会坠落，造成气道的不完全性或者完全性的阻塞，怎样进行现场急救呢？

用仰头举颌法打开气道；切勿垫枕头，因为会使舌根坠落，加重气道阻塞。打开气道后可见舌根上举。

（十六）地震灾害的现场急救

在地震发生的时候，请不要惊慌，躲在工厂的机器下。尽可能躲在室内的床底，桌底或写字台下；尽可能依托房屋的柱子或者墙角。

（十七）遭遇火灾的现场自救

用湿毛巾捂住鼻子，尽量将身体贴近地面爬行逃离现场，在距离地面不高的情况下，可将柔软的物体扔下，跳跃逃离出场；或将室内布料结成绳索抛下。

（十八）创伤急救

创伤是生活中常见的急性伤害，创伤救护的基本原则是止血、包扎、骨折固定、搬运。正确、及时地进行创伤急救与自救是降低死亡率和致残率的根本所在。

1. 创伤出血

按出血部位，出血分为外出血和内出血。外出血的常用止血材料有无菌辅料、绷带、三角巾、创可贴、止血带，现场也可用毛巾、手绢、布料、衣物等替代。出血救护流程图见图6-1。

六　石油员工现场急救

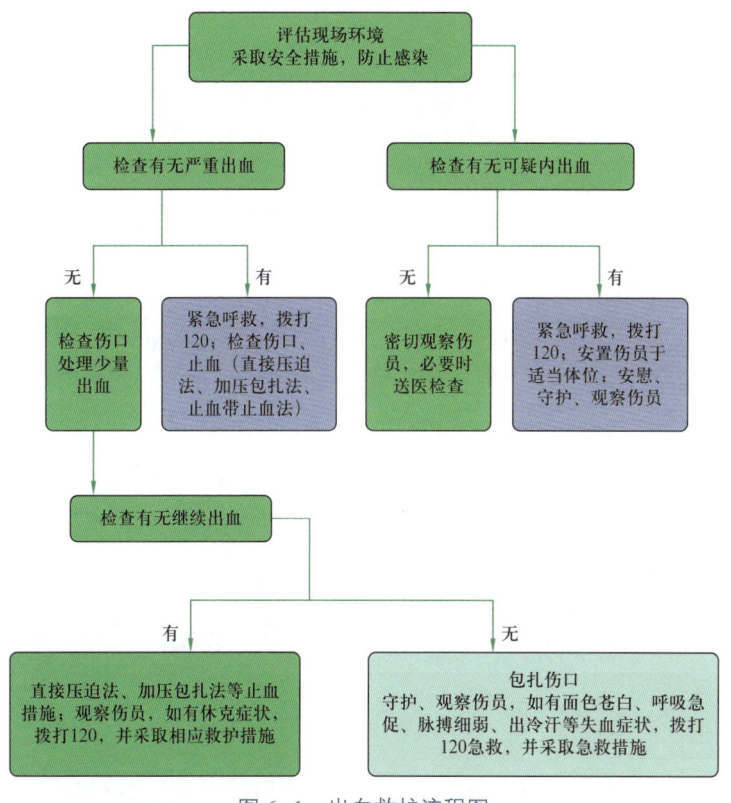

图6-1　出血救护流程图

2.伤口包扎

快速、准确地包扎伤口是外伤救护的重要一环，可以起到快速止血、保护伤口，防治进一步污染、减轻疼痛的作用，有利于伤者转运和进一步治疗。

常用的包扎材料有创可贴、三角巾、胶带等，还可根据三角巾使用原理就地取材，利用干净的手帕、毛巾、围巾、床单等作为包扎材料。

伤口包扎流程图见图 6-2。

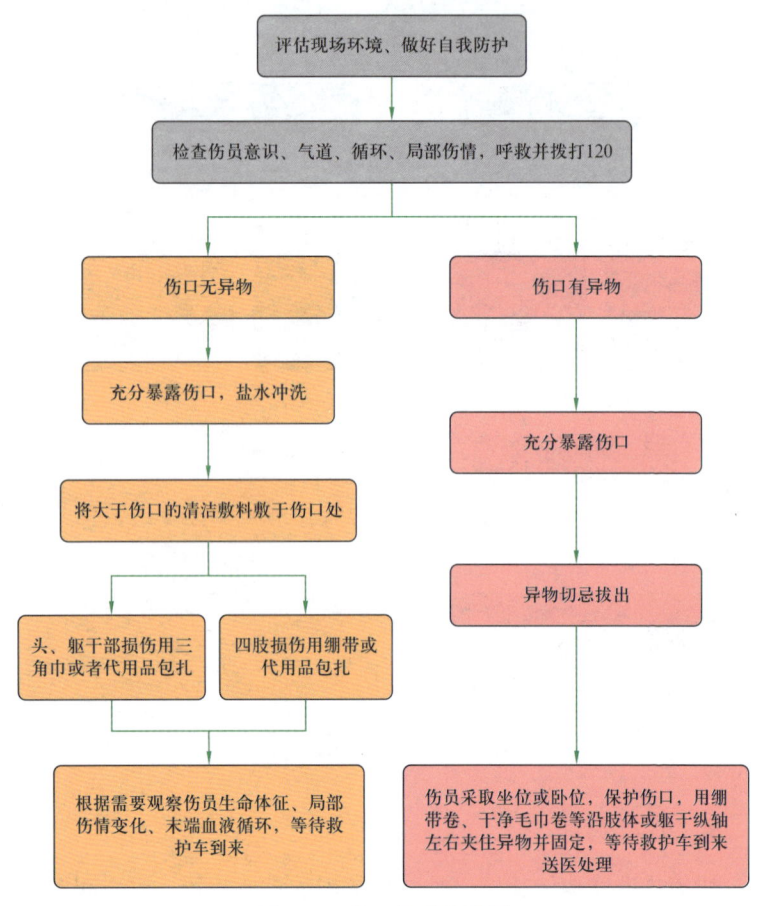

图 6-2 伤口包扎流程图

3. 骨折固定

骨折固定的目的是伤侧制动，减少伤员的疼痛，避免损伤周围组织、血管、神经，减少出血和肿胀，便于伤员的搬运和转送。骨折固定流程图见图 6-3。

六 石油员工现场急救

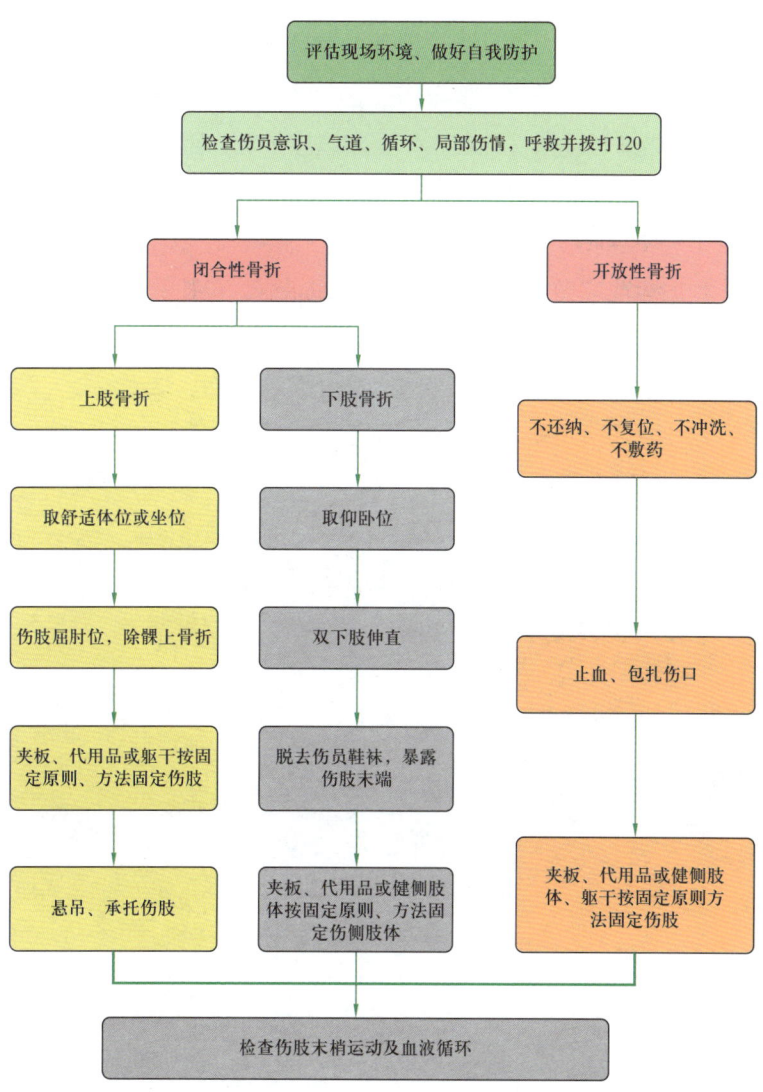

图 6-3 骨折固定流程图

4.伤员的搬运

如果现场环境安全，救护伤员应尽量在现场进行，在救护车到来前，为防止伤病恶化，挽救伤员生命争取时间。如现场环境不安全，或受局部环境条件限制，无法实施救护时，需搬运伤员，使伤员尽快脱离危险区，并进行抢救。

（1）搬运原则：

① 搬运前应做必要的伤病处理，如止血、包扎、固定。

② 根据伤员的情况和现场条件选择适当的搬运方法。

③ 搬运转送中保证伤员安全，防止二次损伤。

④ 注意伤员伤病变化，及时采取救护措施。

（2）搬运方法：

① 单人徒手搬运（扶行法、背负法、抱持法等）。

② 双人徒手搬运（轿扛式、拉车式、椅托式等）。

③ 使用担架搬运（铲式担架、脊柱板、自制担架）。

七

石油员工健康干预

（一）健康小屋

健康小屋是一个健康服务终端，通过多功能智能健康设备结合云平台，实现智能健康管理等多项贴身健康服务，与专业医疗机构健康管理平台互联互通，实现健康数据动态管理、智能跟踪、疾病防御和治疗等并行，借助远程视频、电话、微信、短信等多种手段向企业端提供科学、系统及人性化的全方位健康管理，从生活习惯、饮食状况、职业行为等方面，对企业员工身体状况进行全面分析、跟踪预测、健康干预。

1. 健康小屋的功能

（1）实时监测功能。健康小屋应实现血压、脉搏、心率、血糖、血脂、尿酸、总胆固醇、体脂率、肌肉率、代谢率、基础能量消耗、BMI、体重、腰臀比等指标的检测，并能将检测数据接入公司健康管理系统。

（2）健康咨询。健康小屋应实现在线视频问诊咨询，包括常见疾病问诊、疾病预防、就医指引、用药指导、建立健康档案、体检报告解读、电话随访等功能。

（3）驻点医疗服务。宝石花医院应派驻一名医护人员在健康小屋驻点医疗服务，派驻服务周期为每周两次。宝石花医院定期对驻点医务人员进行轮训，确保驻点医疗服务水平。驻点医务人员能及时协调所在区域内的优质医疗卫生资源，建立有效联系方式，协同提供可及性医疗保障服务。

（4）健康宣教。健康小屋应配备健康宣教大屏（图7-1），宣教知识内容应包括营养科普、心理健康科普、中医养生科普、运动理疗科普、健康生活习惯科普等，定期更新推送相关内容，并提供健康指导手册。每季度开展一次健康知识讲座、讲座内容包括心脑血管疾病预防保健、健康饮食等内容。

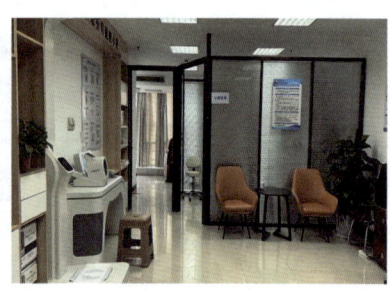

图7-1　健康小屋

2. 健康小屋一体机操作流程

（1）建档。微信扫描一体机上的二维码。关注"宝石花大健康"公众号，进入页面后点击"请点击这里绑定手机号码"完成手机绑定，重新扫码点击"请点击这里完善基本信息"，完善信息后再次扫码后开始测量，见图7-2。

（2）身高体重测量。页面自动跳至身高体重测量页（图7-3），听到提示音后按区域秤盘上的脚印站稳站直，挺胸抬头，目视前方等待测量听到结束提示音后离开秤盘。

七 石油员工健康干预

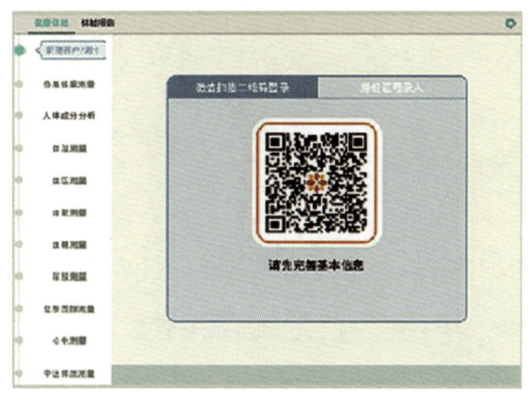

图 7-2　建档界面

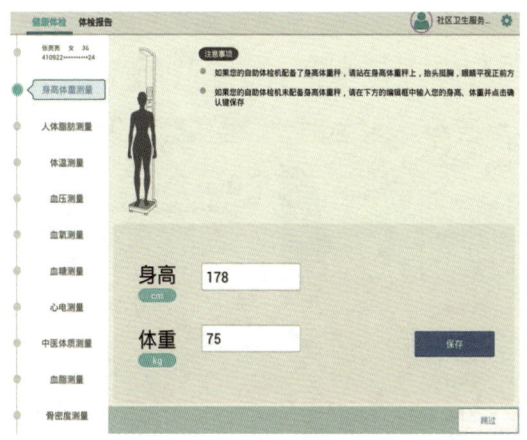

图 7-3　身高体重测量界面

（3）人体成分分析。听到提示音后，请将食指和中指放入把手的向导槽中，见图 7-4，将双臂伸直，与身体成 90°，用手掌紧握人体分析仪手柄金属部分，背部挺直，听到结束提示音后测量结束。

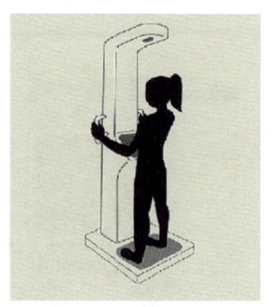

图7-4 人体成分分析界面

（4）体温测量：页面自动跳至体温测量页面（图7-5），听到提示音后拿起屏幕右侧的体温枪，将探头对准额头按一下体温枪上方按钮。当听到"滴"一声，屏幕将显示体温结果，测量结束。测量前擦干额头上的汗或者油腻。

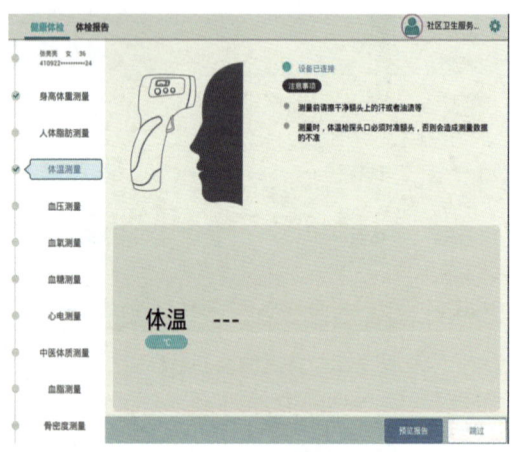

图7-5 体温测量界面

（5）血压测量：页面自动跳转至血压测量页面（图7-6），听到提示音后，测量者将手臂向上伸入血压计臂桶中，点击血压计的开始键测量血压，听到结束提示音后结束测量。

七 石油员工健康干预

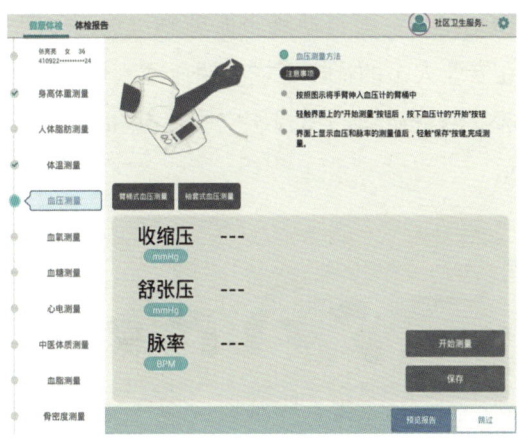

图 7-6 血压测量界面

（6）血氧测量。页面自动跳至血氧测量页面（图 7-7），听到提示音后，打开血氧探头夹并将左手食指放入指夹内，请勿移动手指，波形稳定后点击屏幕上"保存血氧测试结果"，测量完毕。手指必须干净清洁，请勿戴手套测量，测量中，请勿移动手指头。

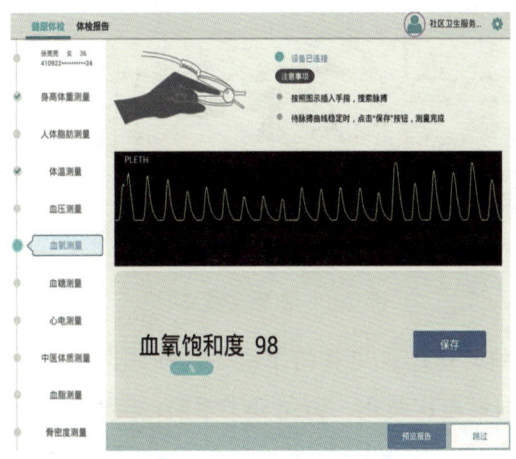

图 7-7 血氧测量界面

（7）血糖测量。页面自动跳至血糖测量页面（图7-8），听到提示音后，在专业人士的指导下或参照血糖测量说明书测量血糖值（图7-9），选择测量血糖的模式（空腹血糖和餐后），测量结果将在界面上显示。

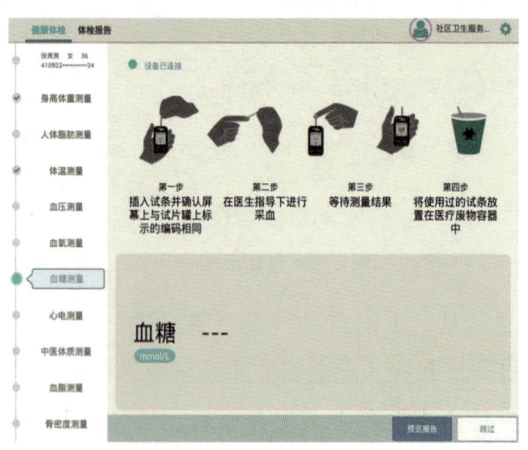

图7-8　血糖测量界面

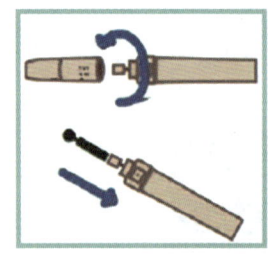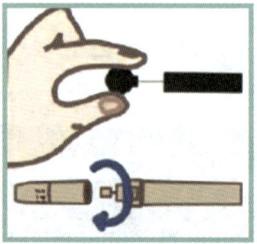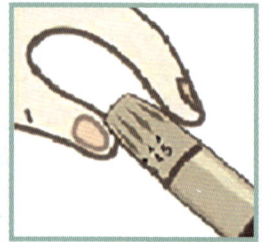

图7-9　血糖测量说明书

测量血糖时使用香皂和清水洗手，使用医用酒精棉球进行消毒；确保采血针首次使用，避免交叉感染；配套使用的采血针不得重复使用，确保一人一针。

（8）尿酸测量。页面自动跳至尿酸测量页面，听到提示音后，在专业人员指导下或参照血尿酸测量说明书采血并测量尿酸浓度，测量结果在界面上显示。

测量尿酸时清洗双手，使用医用酒精棉球进行消毒；确保采血针首次使用，避免交叉感染；配套使用的采血针不得重复使用，确保一人一针。

（9）心电测量。页面跳至心电测量页（图7-10），选择正确的导联类型，根据探头位置指示安装导联。连接后，待心跳平稳点击"开始测量"进入心电数据采集界面。心电记录停止后，系统给出测量结果。

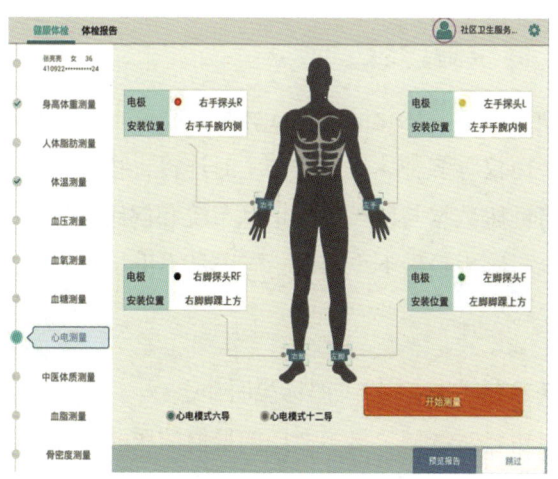

图7-10　心电测量界面

（10）中医体质。页面自动跳至中医体质测量页，语音提示开始，见图7-11。

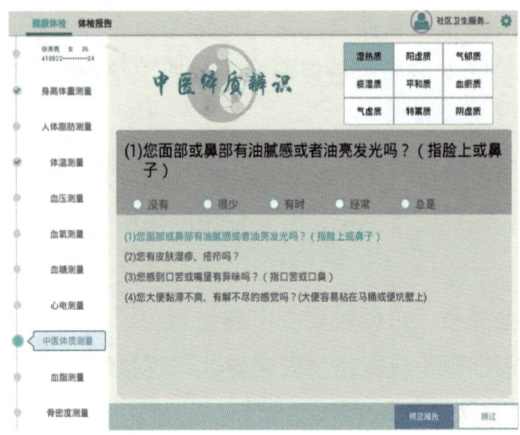

图 7-11　中医体质测量界面

（二）健康随诊包

健康随诊包是一体化的便携式体检设备，可实现血压计、血糖仪、血红蛋白仪等多种体检设备的实时连接，快速建立居民电子健康档案，将健康数据与区域卫生信息系统和健康管理云平台互联互通，实现全科医生轻松下乡随访，居民足不出户完成体检。

1. 图标说明

健康随诊包（图 7-12）图标说明如下：

（1）血压显示区域：显示血压测量值的区域。

（2）血压臂套放置区：放置血压臂套。

（3）身份证刷卡区域：二代居民身份证读卡区域。

（4）操作显示屏区域：系统操作显示区域。

（5）12 导心电夹子放置区：放置 12 导心电夹子。

（6）电源开关：启动设备开关。

七　石油员工健康干预

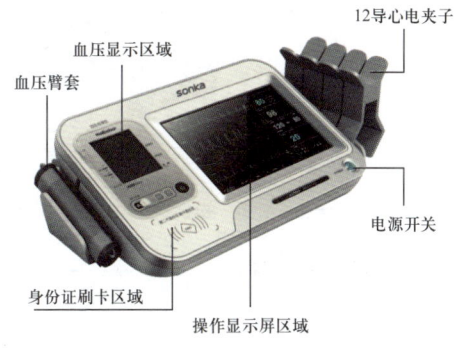

(a) 功能布局

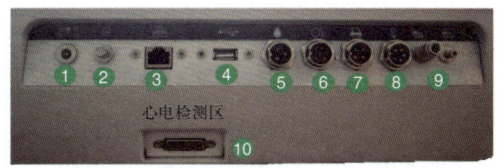

1—电源接口；2—接地；3—预留网线接口；4—USB接口；
5—多功能血糖仪接口；6—血氧接口；7—预留打印接口；
8—体温接口；9—血压接口；10—心电接口

(b) 接口布局

图 7-12　健康随诊包

2. 健康随诊包操作流程

（1）员工注册登录，见图 7-13。

（2）测量各项参数，见图 7-14。

① 血压检测测量步骤（图 7-15）：

——步骤 1：脱掉测量手臂较厚的衣袖。

——步骤 2：将绑带绑在手臂上，注意手臂向上。

——步骤 3：点击血压计上方的"待机/测量"键。

——步骤 4：测量完毕数据自动上传到界面上，血压测量结束。

79

(a) 个人登记界面

(b) 登记方式选择

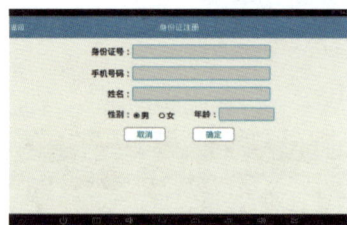
(c) 手动录入界面

图 7-13　员工注册登录界面

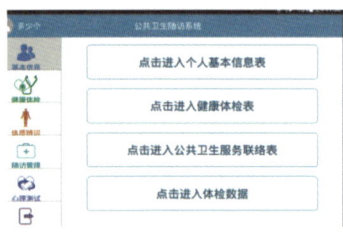
(a) 个人建档页面

(b) 操作界面

图 7-14　测量各项参数界面

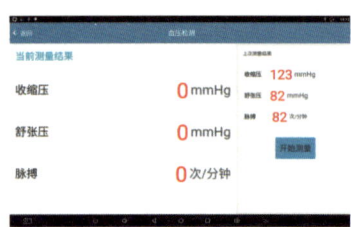
(a) 测量界面

(b) 测量方式

图 7-15　血压检测

② 血氧检测测量步骤（图 7-16）：

——步骤 1：打开血氧探头夹，将食指放入血氧探头夹。

——步骤 2：等待 10~20s 后。

——步骤 3：屏幕上显示血氧测试结果，测量完毕，取出手指。

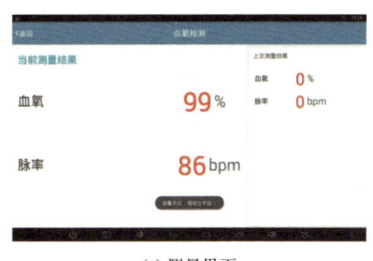
(a) 测量界面

(b) 测量方式

图 7-16　血氧检测

③ 体温检测测量步骤（图 7-17）：

——步骤 1：拿起机器上的体温枪，将体温枪探头口对准额头后按一下体温枪手柄上的按钮。

——步骤 2：当听到"嘀"的一声后，屏幕上显示体温结果。

——步骤 3：测量完毕后，将体温枪放回原处。

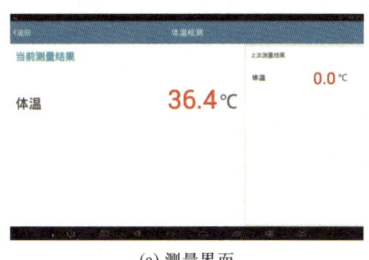
(a) 测量界面

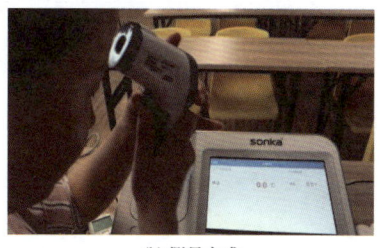
(b) 测量方式

图 7-17　体温检测

④腰臀比测量步骤（图7-18）：

——步骤1：用腰臀尺分别测量出腰围和臀围。

——步骤2：输入所测量的腰围值和臀围值，按界面上的"确认"键。

——步骤3：界面上显示测量数据后测量结束。

图7-18　腰臀比测量

⑤血糖、尿酸、总胆固醇、血红蛋白检测测量步骤（图7-19）：

——步骤1：测量前用温水清洗双手，然后使用医用酒精棉签消毒采血手指。

——步骤2：在医护人员的指导下进行采血。

——步骤3：等待测量结果，输入测量血糖值，用时5s左右。

——步骤4：把使用过的试纸放入医疗废弃容器内。

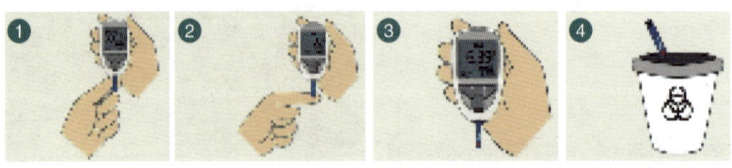

图7-19　血糖、尿酸、总胆固醇、血红蛋白检测

⑥尿液检测测量步骤（图7-20）：

——步骤1：设备在出厂前蓝牙已配对好，若蓝牙未连接上，请退出程序进行配置（此操作需在专业人员指导下进行）。

——步骤2：蓝牙连接成功，打开尿液分析仪界面会显示设备已连接。

——步骤3：请在医生的指导下进行测量，结束后测量结果会显示在界面。

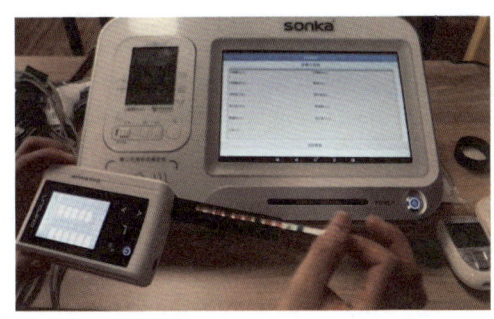

　　　　　　　　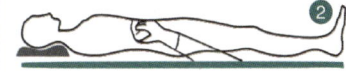

(a) 测量方式　　　　　　　　　　　　(b) 测量结果

图 7-20　尿液检测

⑦心电图检测测量步骤（图 7-21）：

——步骤1：摆体位，取平卧位暴露四肢和心前区。

——步骤2：清洁皮肤，用湿纱布清洁测量区皮肤。

图 7-21　心电图检测

3. 保存并上传数据

进行平板 Wi-Fi 连接，蓝牙连接等的设置。

用户测量完后，会在设备上生成记录，点击右上角"全部"即可选择当前全部的数据，点击下方"上传"则可以实现当前所有数据快速上传。也可以通过在右边勾选数据，进行选择性上传。同样点击"取消"则可取消上传全部或选择的数据。点击"删除"则可删除数据。

注：（1）此操作必须设备连接网络，数据才可以正常上传。

（2）正常情况下检测报告会自动上传到管理平台，如微信公众号未收到报告，请检查网络连接是否正常。

（三）可穿戴设备

智能健康手表是穿戴式智能设备，它能准确反映实时位置和行动轨迹，能随时随地执行紧急呼叫，还能采集佩戴人健康信息、运动、睡眠和出行等信息，了解其健康状况，数据异常时，能提供预警。

主要功能：4G全网通、实时位置、心率监测、体温监测、血压监测、血氧监测、睡眠监测、运动计步、紧急报警、佩戴监测、智能提醒、天气查询、自动报警。

（四）AED

心脏骤停指由于各种原因引起的心脏搏动突然停止，瞬间心脏的泵血功能丧失，导致以脑为首的所有组织器官供血、供氧完全中断，进入临床死亡。如果能在数分钟内进行正确的抢救，部分患者可望救活。否则，进入生物学死亡，即脑死亡，则无可挽救。

1. 如何更有效挽救心脏猝死患者生命

当发生心源性猝死（SCD）时，唯一的救治手段是胸外按压 +

心脏除颤。

胸外按压的作用是通过挤压受害者胸部手动使心脏血液输送至器官，暂时维持血液和氧供应；心脏除颤就是通过电击心脏，使心脏恢复跳动以自主输送血液和氧气。电击除颤是治疗室颤的最有效方法。

2. AED 的使用方法

自动体外除颤仪（Automated External Defibrillation，AED）具备自动分析判断患者心律的功能，其最大特点：使用者无须具备高水平专业水准，只需训练即可实践操作。AED 操作步骤见图 7-22。

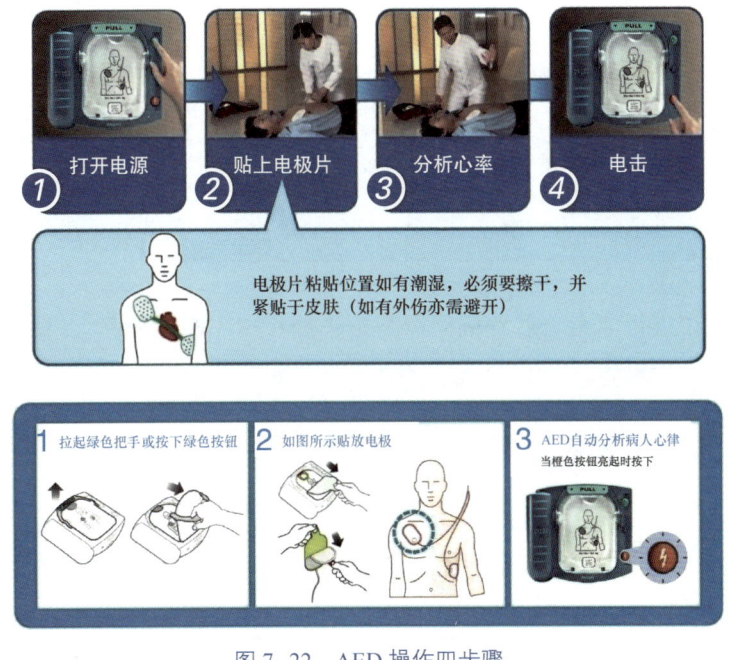

图 7-22　AED 操作四步骤

3. AED 使用注意事项

AED 适用于心脏骤停或心律失常的急救情况,如果患者没有呼吸或没有脉搏,应立即进行 AED 救治。

在进行 AED 操作之前,首先要确保自己和患者的安全,远离任何危险或有害的环境(如火源、水源、电源等)。

在使用 AED 之前,应先检查 AED 的状态和附件。确保 AED 电源充足,电极贴片完好。

在使用 AED 之前,应尽量避免患者的胸部湿润或有其他障碍物。要确保患者表面干燥、胸部裸露,将 AED 电极贴片正确粘贴在患者胸部,遵循 AED 使用说明书的指示。

在进行 AED 操作时,要确保患者周围没有其他人靠近或触碰患者。按下 AED 的"分析"按钮,让 AED 自动分析患者的心律。在 AED 判断有需要进行电击时,要确保救护人员和其他人员没有接触患者。

按下 AED 的"电击"按钮,确保其他人离开患者,避免触碰患者。

在进行电击之后,应立即开始进行 CPR(心肺复苏),直到救护车到达现场。

(五)健康监测全流程闭环管理

健康监测全流程闭环管理图见图 7-23。

(1)动态掌握健康指标变化。

(2)高危预警及时干预。

(3)专家提供专业指导。

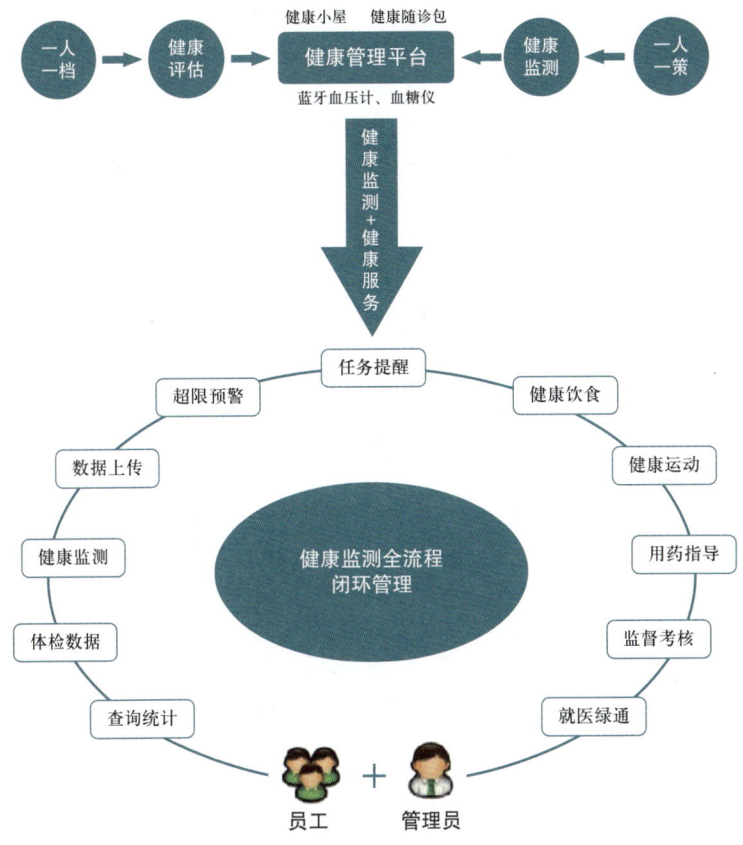

图 7-23 健康监测全流程闭环管理图

（六）高危疾病人员"四包一"监管做法

年度体检结束后，各单位将体检报告与员工既往病史结合分析，梳理完善本单位"高危疾病人员清单"，明确重点管控人员（二、三级高血压，糖尿病，既往有脑梗、心脏支架手术等人员），运行"四包一"健康监管机制，见表7-1。

表 7-1 "四包一"健康监管机制

人员类别	职责	健康预警
健康高风险人员	个人健康第一责任人,主动测量血压、血糖等指标,不适就诊,遵医嘱按时用药,定期复查	（1）静态血压检测值连续两日超过 160/100mmHg。 （2）空腹血糖大于 7mmol/dL 或随机血糖大于 11.17mmol/dL,伴乏力嗜睡。 （3）原因不明的头晕、胸闷、气促等症状
宿舍长	工作日督促重点管控人员按时测量血压、血糖,如连续检测值达到健康预警,上报基层队站负责人,并陪同就近就医	
班组长	工作日督促重点管控人员按时测量血压、血糖,如连续检测值达到健康预警,上报基层队站书记,并陪同就近就医	
基层队站书记	督促重点管控人员按时完成体检、定期复查,负责健康知识宣贯、引导健康饮食、合理睡眠和运动	
承包点领导	每月电话询问重点管控人员的指标监测、用药情况,进点审核时,查看其日常健康监测记录,了解日常饮食和运动的情况,并予以帮助解决工作生活中的问题	

八 绿色就医

"绿色就医"与专业医疗机构合作，开通石油企业生产区域省、市级三级医院急诊通道，为因病因伤员工提供畅通的就医诊疗过程，为伤、病患者提供快速、有序、安全、有效的诊疗服务。

（一）绿色就医流程

绿色就医流程及联系方式见图 8-1。

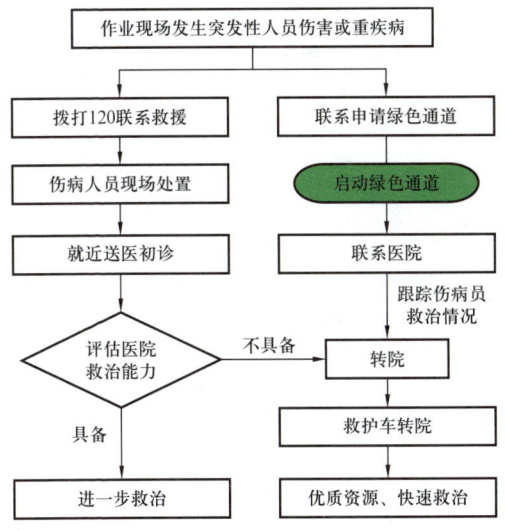

图 8-1 绿色就医诊疗流程

(二)"智慧医疗"线上义诊咨询方法

(1)扫描二维码或微信搜索"西安宝石花长庆医院",关注医院服务号。

(2)进入智慧就医板块点击首页。

(3)选择页面上专家咨询。

(4)选择科室和职称,或直接在搜索框搜索医生的名字。

(5)选择医生后,选择页面上的快速咨询。

(6)发起线上咨询。

具体步骤见图8-2至图8-7。

图8-2 扫描二维码

图8-3 智慧就医板块

图8-4 选择专家咨询

图8-5 选择科室和职称

八 绿色就医

图 8-6 选择快速咨询　　图 8-7 线上问诊

（三）宝石花便捷就医服务

为了让患者少跑腿，通用技术西安宝石花长庆医院加强以互联网医院为基础的网络服务，让信息和数据跑起来，让自助和助老服务多起来，使老人和年轻人就医更方便快捷。

（1）加大线上义诊咨询力度。借助宝石花大健康平台，充分发挥互联网医院作用，开通线上挂号、缴费、查询检查结果等功能。同时，医院还组织科室各专家为患者提供线上义诊咨询服务，患者足不出户，就可以在线免费咨询。如果患者到了复诊时间不能及时来院，有报告解读等需求，可在线向医生发起咨询，医生会利用业余时间解答。

（2）加大各类自助服务力度。在妇产、儿科、耳鼻喉等诊室、影像功能检验药房等窗口、骨科、儿科等病区增加了70多个微信收费端口，如有治疗项目，可以直接扫码支付；在门诊设5台自助挂号、缴费、查询、清单打印多功能一体机，2台采血排号机，4

台检验报告打印机,在影像科设置3台自助取片机等。就诊时,只需带身份证和手机,就可以实现挂号、缴费、门诊费用清单和检验结果打印。

(3)加强导诊志愿服务。每日门诊导诊台有2名导医,另外由机关职能部门每日安排2名志愿者,帮助门诊患者、尤其是老年人使用自助设备、陪检、代挂号等,每天晚上18:00—22:00,由医院行政护理总值班值守门诊,进行导诊服务,为急诊患者提供帮助。

附录　常用健康监测表

常用健康监测表见附表。

附表　常用健康监测表

日期	血压			血糖						服药情况
	早	中	晚	早餐前	早餐后2h	午餐前	午餐后2h	晚餐前	晚餐后2h	